U0324820

"十三五"国家重点出版物出版规划项目

转型时代的中国财经战略论丛

中国水权制度改革路径选择

孙媛媛 著

中国财经出版传媒集团
经济科学出版社
Economic Science Press

图书在版编目（CIP）数据

中国水权制度改革路径选择/孙媛媛著．—北京：经济科学出版社，2019.9
（转型时代的中国财经战略论丛）
ISBN 978-7-5218-0800-1

Ⅰ．①中… Ⅱ．①孙… Ⅲ．①水资源管理-研究-中国 Ⅳ．①TV213.4

中国版本图书馆CIP数据核字（2019）第174824号

责任编辑：于海汛 冯 蓉
责任校对：蒋子明
责任印制：李 鹏

中国水权制度改革路径选择
孙媛媛 著
经济科学出版社出版、发行 新华书店经销
社址：北京市海淀区阜成路甲28号 邮编：100142
总编部电话：010-88191217 发行部电话：010-88191522
网址：www.esp.com.cn
电子邮件：esp@esp.com.cn
天猫网店：经济科学出版社旗舰店
网址：http://jjkxcbs.tmall.com
北京季蜂印刷有限公司印装
710×1000 16开 10.75印张 170000字
2019年9月第1版 2019年9月第1次印刷
ISBN 978-7-5218-0800-1 定价：38.00元
（图书出现印装问题，本社负责调换。电话：010-88191510）

前　言

随着人口迅速增长以及社会经济的快速发展，水资源需求量越来越大，供需矛盾越来越突出，水资源逐渐成为一种稀缺的资源。在这种背景下，为了缓解水资源供需矛盾，建立有序的水资源使用秩序，水权制度逐渐建立和发展起来。中国水权所有权属于国家，但使用权可以细分。通过对各省、地级市乃至县级市用水指标的确定，事实上已经建立了水量比例水权制度，但目前的水权制度仍然存在很多问题。不同地区的水资源状况差异很大，采取单一的水权制度形式并不能对水资源进行有效管理。为了加强水资源管理，迫切需要对中国的水权制度进行进一步改革。针对这些问题，本书对水权赋权、水权制度分类、水权制度适用条件、典型国家水权制度发展过程、实施效果比较与评价等方面进行研究，在此基础上为中国水权制度改革提出建议。

本书首先分析水权赋权的依据，由此划分出水权的元类型。在此基础上，进一步提出水权单元及其制度类型，并分析水权元类型与水权单元制度类型的关系。不同的水权制度适用条件不同，通过阈值边界搜索法，确定各类水权单元制度的适用条件。实际中，国家的水权制度往往是复合的，包含多种水权制度类型。本书按照从水权元类型到水权单元制度类型再到复合水权系统的思路，在研究了水权元类型、水权单元制度类型的基础上，再上升到国家的复合水权系统，对典型国家的水权制度发展过程进行分析，并对水权制度的实施效果进行比较和评价。总结经验教训，为中国的水权制度改革提供建议。

通过研究得出以下主要结论：(1) 水权赋权的具体依据主要包括以空间临近性为依据、以时间先后为依据、以空间和时间相结合为依据、以社会水资源需求为依据以及以生态保护为依据。相应地将水权划分为河岸权、优先占用权、轮水权、社会需求水权以及生态水权五种元类型。(2) 水权单元是独立存在且完整的最基本的水权空间单元。每一种水权单元制度可能包括一种水权元类型，也可能是多种水权元类型的组合。水权单元制度类型主要有河岸权制度、优先占用权制度、轮水权制度以及水量比例水权制度。河岸权制度适用于水资源丰富的地区，流域年平均降水量高于700mm，径流模数大于$28.4\times10^4m^3/km^2$，人均水资源量大于$1122.4m^3$/人，水资源开发利用率低于20%才能实行河岸权。当水资源稀缺时，河岸权制度不再适用，应当实行水量比例水权和优先占用权。而实行优先占用权的流域，其面积必须要小于$46930km^2$。(3) 水权单元进一步组成了一个国家复杂的水权系统，一个国家可能仅存在一种水权单元制度，也可能存在多种水权单元制度。美国东部水资源丰富实行河岸权制度，西部气候干旱，是优先占用权的诞生地。此外，还同时存在着普韦布洛水权和水量比例水权。其水权制度形式较为复杂，一个州内可能仅存在一种水权制度，也可能多种水权制度同时存在。澳大利亚早期水资源丰富时实行河岸权制度，之后受人口增长以及水资源条件等因素影响，政府开始对水资源进行管理，转为实行水量比例水权制度。中国同样实行水量比例水权制度，通过制定水量分配方案将水资源在行政区间进行分配，再通过取水许可制度将水权细分到微观用户。(4) 建立了水权制度评价框架，从水权制度一般特征和实施效果两个方面对印度、中国、美国和澳大利亚这四个国家的水权制度进行比较评价。中国、美国和澳大利亚的水权制度实施较为顺畅，阻碍较少，印度水权制度实施效果相对较差。(5) 中国不同地区水资源状况差异较大，相对于整体实施一种水权制度来说，应该根据不同地区的水资源状况采取合适的水权制度形式。

目　录

第1章　引　言

1.1　研究背景及意义

1.1.1　研究背景

水权是伴随着人类社会的产生而产生的，自从人类诞生以后，有了人类的取水行为，也同时产生了水权问题。然而，在人类社会早期直至工业革命以前，人类社会以农业为主，科技与生产力水平低下，相对于人类较低的需求来说，水资源丰富，除了局部地区，基本上不存在短缺的问题。水资源是有限的，对人类的生存、经济社会发展以及生态系统的平衡都是非常重要的。随着人口的增长以及经济的发展，社会对水资源的需求越来越大，水资源的供需矛盾日益突出，水资源逐渐变得稀缺。水资源危机的产生源自两个基本的驱动力：一是自然因素造成的水资源时空分布不均，以及由于自然条件变化带来的水循环变异；二是人口增长和社会经济发展导致人类活动对水循环的影响以及水资源相对稀缺程度的加剧。水权制度就是在水资源逐渐成为一种稀缺自然资源的过程中逐渐产生并发展起来的。

目前，已有许多学者对水权制度的作用和发展进行了大量的研究。罗伯特·斯皮德（Robert Speed，2009）认为“水权制度通过明确界定不同使用者享有的权利而为许多水资源管理政策手段提供支持”。有效的水权制度为大量的水资源需求管理政策提供了基础，包括水价、取水许可和交易等等。最重要的是水权制度为水资源在不同用途之间的分配提供了明确的、基于法律制度的依据（Roger et al.，2009）。此外，水权制度为水资源使用者和其他水资源使用过程中的相关参与者管理水资源提供了一定程度的确定性。而且要求水资源的管理者对水资源的使用、水资源基础设施的运行进行严格管理。并且要掌握流域内环境的水资源需求（Sun，2009）。随着人口的增长和社会经济的快速发展，水资源供需矛盾越来越突出，正是在这种背景下，迫切需要对水资源的管理进行改革，而其中最重要的方面就是对水权制度进行改革。在大多数水资源缺乏或是支付昂贵费用才能获得使用权的国家，水资源使用权制度经历了惯例规范以及实践或是经历了法律法规而逐渐形成的过程（或是同时经历了两者）（Sampath，1992）。国际上越来越广泛地认识到正式的水权制度在水资源管理中的重要性，由于缺乏有效的水权制度，导致在水资源管理中出现了许多问题。因此，许多国家正在建立或是对定义水权的法律以及水资源管理制度进行改革（Kossa R. M.，2008），试图通过建立合理的水权制度对水资源进行有效管理。在水资源日益稀缺以及水权制度在水资源管理中的重要性越来越受到关注的背景下，本书对水权制度的有关理论以及其在现实中的应用进行了剖析，最终目的是为中国的水权制度改革提供理论指导和借鉴。

1.1.2　研究意义

1. 理论意义

随着经济发展和社会进步，水资源变得越来越稀缺，水资源供需矛盾日益突出。目前水资源管理不能单纯地从供给层面上解决，在水资源开发利用强度不断增大的情况下，水资源管理将从单纯的供给管理向供给需求管理转变。在现阶段，如何建立科学合理的水资源需求管理制度成为解决水资源问题的重要议题。水权及其相关制度建设的提出正是符合了这个要求。水权及其相关制度包含着大量水资源需求管理的内容。在水资源需求管理中，水权制度具有重要的意义。水权制度的变迁受其所在国家的政治、经济、法律、生态和文化背景等大环境的影响，其社会经济水平以及用水结构不同，这些都是影响水权制度变迁的重要因素（Saleth and Dinar，2004）。长期来看，水资源的总量不断变化，人们对水资源的需求也在不断变化，因此，水权制度也是在不断发展的（李雪松，2005）。为了解决水资源的供需矛盾，应对日益稀缺的水资源状况，对水权制度进行改革是必然之举。

水权制度的发展过程经历了不同的制度形式，每种水权制度都是在特定的自然条件和社会条件下形成的，都有其各自的适用条件。不同的国家历史背景下形成了不同的水权制度，即使一个国家内的不同地区，由于自然条件和水资源状况不同，形成的水权制度也不相同。本研究首先对水权赋权的依据进行分析，以此为依据对目前存在的水权制度进行重新分类，确定出水权的元类型，并对水权元类型与实际水权制度的关系进行分析，为水权的分类提供了新的理论指导。在此基础上进一步确定不同水权制度的适用条件，选取典型的国家和地区作为代表，对其水权制度进行重点分析和研究，探讨不同类型水权制度在特定背景下的时空发展规律以及路径依赖。通过建立水权制度评价框架，对这些国家水权制度进行比较和评价，分析各自水权制度的优缺点。通过研究为中国的水权制度改革提供参考和理论依据。

2. 现实意义

随着人口的增加和经济的发展，中国的水资源供需矛盾越来越突出。中国目前水资源管理中主要有两个问题：一是水资源供给不足，二是水资源的使用效率低。造成水资源管理出现问题的重要原因就是水资源管理制度存在缺陷，其中也包括水权制度的不完善。因此，对中国水权制度进行改革，是中国水资源管理面临的主要挑战。本研究基于不同的水权制度的适用条件，划分出中国可能的水权制度适宜性分区，针对不同地区提出针对性的水权制度改革建议。同时借鉴其他国家水权制度的优点，弥补中国水权制度的不足，促进水权制度的不断完善。通过对中国水权制度进行改革，加强水资源管理，缓和日益突出的水资源供需矛盾以及水资源使用竞争激烈的局面。通过水权制度改革对水资源使用进行有效控制和管理，提高水资源的使用效率，实现水资源的优化配置，最终实现水资源的可持续利用。从这一方面来看，本研究具有重要的现实意义。

1.2　国内外研究现状

1.2.1　水权相关理论研究

水权即水资源的产权，研究水权理论是对水权及其相关制度进行研究的基础。水权理论包含的内容很多，包括水权含义、产权理论以及公共资源的相关理论。

对于水权的定义，不同的学者有着不同的解释，不同的学者从不同的角度对水权进行定义（沈满洪和陈锋，2002）。水权属于用益物权，本质上是水资源的使用者对水资源的排他性的权利，包括水资源的使用权、收益权和转让权（贾绍凤等，2010）。汪恕诚认为，水权包括水资源的所有权和使用权，我国《水法》中规定水权的所有权属于国家，因此，水权研究的重点是水资源的使用权。姜文来（2000）认为水权是水资源稀缺条件下人们对于水资源的各种权利的综合（自己和他人受益或受损的权利），包括水资源的所有权使用权以及经营权。其一般特征包括非排他性、分离性、外部性以及交易的不平衡性。冯尚友（2000）认为水权是指对水资源的所有权以及各种用水权利与义务做出规定的一系列规则。具体来说，是指在水资源使用过程中，对用水者之间使用水资源的行为进行调节的一系列规则。熊向阳（2002）认为水权是在水资源自然状况下一套关于水资源的权利体系，它是以法律来确立和保障，通过行政机制和市场机制来实现的一套权利体系，最终目的是满足社会、经济和环境对水资源的需求。埃里克·菲吕博腾与斯韦托扎尔·平乔维奇（Eirik G. Furubotn and Svetozar Pejovich，1972）认为水权不是使用者与水资源之间的关系，而是由于水资源的使用而引起的用水者之间的相互认可的行为关系。基于这种产权的定义，贾绍凤等（2012）认为水权是指在水资源开发、治理、保护、利用和管理过程中所引起的人们之间相互认可的行为与利益关系，水权制度就是当水资源稀缺时，人们使用水资源的行为规范，它决定了人们使用稀缺水资源时的地位、经济和社会关系。

产权理论以研究产权的界定和交易为中心，目前已经扩大到各个领域（姜文来，2000）。水权即水资源产权，是产权理论在水资源领域的运用。研究产权理论对水权的研究有着重要的意义。产权越来越被看作是土地和其他自然资源可持续管理中的重要因素。甚至发展机构越来越多的将产权看作是决定如何使用和管理自然资源以及通过配置自然资源获得多大利益的关键因素（United States Agency for International Development，2006）。产权制度属于"文化资金"的一部分，通过产权制度，社会或群体可以把自然资源转变为"人类创造的资金"，自然资源的价值得以体现（Mathieu and Mullen，1996）。当考虑市场在自然资源配置中的作用时，产权变得更加关键。而对于产权在自然资源管理中的作用则受到越来越多的学者关注。柏卫（Bolwig，2009）等在对萨赫勒地区自然资源可持续管理的研究中探讨了产权以及市场在自然资源管理中的作用以及重要性，认为尤其是在贫困地区，产权的确定对于贫穷群体是有利的。他分析了气候变化条件下，市场在自然资源配置中的作用，尤其是对弱势群体的影响。水权是产权制度在水资源领域中的应用，王亚华（2013）对产权理论在水资源领域的应用进行了较为详细的论述，分析了澳大利亚的墨累—达令流域水资源产权的引入过程，提出了水权科层概念模型，并将模型尝试用于中国的水资源产权研究中。

水资源作为一种公共资源，由于公共资源的特殊属性，在使用过程中不可避免地会存在外部性。为了提高公共资源的利用效率，必须采取合适的手段使外部性最大程度地内部化，选择合理的产权形式对其进行管理。雷玉桃（2006）在对流域水权配置进行研究时对产权相关理论进行了论述，认为产权是一种人对物的人与人之间的关系。产权的功能包括制约、激励和高效配置资源。在此基础上探讨了产权理论与水资源的管理。在产权理论研究中影响最大的是科斯产权理论以及产权经济学家德姆塞茨、巴泽尔以及斯蒂格利茨等提出的产权理论。科斯（2004）提出了著名的科斯定理，认为当存在交易费用时，不同的资源配置方式会产生不同的配置效率，他强调私有财产在公共资源管理中的作用，科斯及其支持者主张将公共资源产权私有化，通过私有产权对公共资源进行管理。而巴泽尔（1991）和斯蒂格利茨（1998）则反对私有化，认为完全的私有化是不可能的，强调政府在公共资源管理中的作用。赵海林等（2003）在对水权理论的研究中也论述了科斯定理的重要意义，对其进行了评述，并由此引出水权理论，对水权及其外部性以及可分割性等方面进行了研究。李雪松（2005）对中国水权制度进行研究时详细论述了产权的特征和功能，认为产权是一组权利束而且具有可分割性，其主要功能包括激励功能、制约功能以及高效率配置资源的功能，分析了公共资源的产权形式与外部性。包括姚杰宝（2006）也对公共财产产权理论进行了分析，包括科斯、德姆塞茨、巴泽尔、斯蒂格利茨等提出的产权理论与公共资源的管理。科斯、德姆塞茨、巴泽尔、斯蒂格利茨等著名产权经济学家提出的相关理论对于研究公共资源的管理采取的方式具有深远的影响。分析产权理论和公共资源的管理对研究水资源管理具有重要意义。

1.2.2 水权赋权与水权类型研究

当资源充足时，对产权进行定义是没有必要的，但是随着资源变得越来越稀缺，资源的使用者为了获得资源，彼此之间进行竞争，甚至发生冲突。在这种背景下，就有必要对资源的产权进行清晰定义，并对权利和义务进行分配（Otsuka and Place，2001）。同时，在政策改革中越来越认识到产权对资源可持续管理的重要性（Deininger，2003）。这种认识被运用到几乎所有的自然资源管理中，包括森林资源、土地资源等，尤其是水资源（Dick，2014）。通过清晰定义产权来约束人们的行为，从而有效地利用资源，减少信息成本和交易成本，实现资源的高效利用（Calow，1996）。

水权是将产权理论运用到水资源领域，通过赋予水资源产权，对水资源进行管理，提高水资源的使用效率。水权是水权制度的核心以及水权理论的基础，研究水权制度之前首先需要弄清水权的内涵。水权的赋权以及清晰界定是水权制度的基础，是对水权进行配置，以及在允许水权交易前提下进行水权交易的前提条件。水权赋权就是水资源产权的界定过程，赋予水资源排他性的权利。

水权概念是由产权概念延伸而来的，是产权理论在水资源领域的运用。国内许多学者对水权内涵以及相关理论进行了研究和探讨。不同的学者对水权有着不同的理解。总的来看，对水权的定义主要存在“一权说”“两权说”和“多权说”几种定义。支持“一权说”的代表性学者是裴丽萍与崔建远，他们都认为水权仅仅是指水资源的用益物权。裴丽萍（2001）认为水权是水资源所有权派生出来的权利，是指水资源的使用权或收益权，崔建远（2002）认为水权是权利人依据法律对水资源使用和收益的权利，在本质上也是属于用益物权。“二权说”则认为水权是指水资源的所有权和使用权。汪恕诚（2000）认为水权就是水资源的所有权和使用权，在我国，《水法》中规定水资源属于国家所有，所以水权研究的就是水资源的使用权问题。关涛在对水权制度的研究中指出，水附属于土地，土地所有权人也就是水资源的所有权人，与土地权利相对应，大陆法系民法中水权包括水资源的所有权和用益物权这两种权利。“多权说”认为水权是一种权利束的综合。例如，傅春等（2001）认为，水权是依法获得的有关水资源的各种权利，包括对水资源保护的各种权益。姜文来（2002）认为水权就是水资源稀缺条件下人们对有关水资源的权利的总和，包括水资源的所有权、使用权和经营权。沈满洪和陈锋（2002）认为水权是一组权利束，包括水资源的所有权、占有权、支配权和使用权等。贾绍凤等（2010）认为水权包括水资源的使用权、收益权和转让权，这些都是水权“多权说”的代表。“多权说”更为接近将水资源赋予了产权的内涵，将水权看作是一组权利束而不是单一的权利，将产权理论应用到了水资源领域。目前尚未对水权形成统一定义。

不同的国家对水权的定义方式不同，形成的水权制度不同（Zheng et al.，2012）。王等（Wang et al.，2007）认为水权制度可以分为三种类型，即河岸权制度、优先占用权制度以及公众水权制度。河岸权和优先占用权分别起源于英国和美国西部（Teerink，1993），但是这两种水权制度对于不临近河岸的使用者以及小规模的使用者是不公平的（Butler，1985）。而公众水权制度下，水资源被定义为公共财产，为州或是全体居民所有（Wang et al.，2007）。国内学者也对水权制度分类进行了初步研究。张勇和常云昆（2006）对国外水权制度与变迁进行研究时指出，在不同的水资源条件和水资源配置条件下，水权可以划分为水资源自由使用制度、滨岸权制度、优先占用权制度、比例配水权制度、公共水权制度与可交易水权制度。此外，在美国某些位于本初子午线附近的州内，有些地区水资源丰富，有些地区水资源短缺，在这些州内就采用了混合水权体系，也成为双重水权体系。在不同国家内，不同的水资源状况下，制定水法规的主体不同，所形成的水权制度也不同（刘洪先，2002）。按照此种标准，姚杰宝（2006）将水权制度分为了沿岸所有权、优先占用权、公共水权、可交易水权 4 种类型。鲍淑君（2013）将水权制度归为滨岸权制度、优先占用权制度、滨岸权与优先占用权混合制度、公共水权制度 4 种制度类型，以此为基础对世界上主要国家的水权制度特征进行了分析。

目前较多的研究主要集中于对现存水权类型的特点及其发展的研究，很少有研究追溯到水权的起源，即根据何种赋权依据对水权进行赋权，分析水权的元类型。而且水权的最基础的类型——元类型与实际的水权制度又存在某种联系和区别，目前尚缺乏这些方面的研究。

1.2.3　水权制度适用条件研究

水权制度是与一定的条件，例如国家的社会制度、自然条件、水资源状况等紧密联系的。不同的国家有不同的水权制度形式，而且各自水权制度的发展历程也不相同。例如，在水权制度比较成熟的国家，如澳大利亚和英国，水权制度既有相似之处又具有各自的特点。澳大利亚最早的水权制度起源于英国的习惯法，在早期水资源相对比较充足时实行河岸制度，到了 20 世纪初意识到河岸权制度不适合水资源逐渐紧张的国情，由当时的联邦政府立法将水资源确定为公共资源（丁民，2003），水资源所有权归各个州政府所有，由州代表皇室调整和分配水权（Ward，2009）。同时澳大利亚环境的不确定性决定了在水资源开发利用和管理之前必须先对河流径流进行管理，首先要保证渠首工程和配置系统必须确保供水的安全性（Pigram，1993）。而且水权交易制度逐渐成熟，规模和涉及的范围越来越大，相对来说，澳大利亚的水权制度是比较完善的。英国早期的水资源充足，实行河岸权制度，但是随着人口增长、经济发展，需水量逐渐增大，水资源污染和短缺问题越来越严重，水资源状况已经不能满足河岸权的适用条件。因此，1963 年，英国《水资源法》规定“水资源属于国家所有”，确立了水资源国家管理制度，水资源的使用必须申请取水许可后才能使用。《水资源法》第 38 章中规定了建立流域管理机构和水资源委员会，并赋予其相关的水资源管理职能，包括水资源保护、再分配等，并引入了取水许可和收费制度

（Parliament of the United Kingdom，1963）。水权制度从河岸权制度转向了取水许可的水资源行政管理制度（万钧和柳长顺，2014）。甚至在一个国家的不同发展时期、不同区域内水权制度也不相同。如，美国西部干旱地区，自19世纪以来采用占有优先权制度，西部早期的占领区是优先权水权的起源地，即当采矿者需要为不与水源相邻的矿区采矿时，优先权制度便产生了。这些地区不能应用美国东部继承于英国的湿润地区的河岸准则，在那里水权直接与相邻的土地所有权相联系，但不允许消耗性的利用和违背“合理利用”（不影响下游用户）原则，除非有法院的许可（Loehman and Charney，2011），依据优先占用原则，基于既定时段内先来者占有的特权建立水权，能够有效地分配水资源供应的可靠性，达到合理配置水资源的目的。而东部水资源丰富的地区依旧采用河岸权制度。

目前，国内外对不同水权制度适用条件的研究较少，主要集中于对不同水权制度产生的自然条件以及社会条件的研究，或论述水权制度产生的历史过程以及各种水权制度的原则，而对于划分水权制度类型的标准、各种水权制度适用条件以及实施效果的研究很少。实践证明，河岸权只适用于水资源丰富的地区和国家，而对于水资源短缺的地区和国家，河岸权存在着种种问题，即使在水资源丰富的地区，传统的河岸权也已经不能适应新的情况。由于河岸权的存在，使得与河岸不相邻的地区的用水受到限制，阻碍了地区的发展以及抑制水资源的浪费。丹·塔罗克（Dan Tarlock，2001）分析了优先占用权在美国西部地区未来的发展状况，认为随着西部经济的不断发展和社会进步，优先占用权的作用和适用条件随着西部地区的发展开始发生变化，他认为优先占用权的原则将会发生改变，因为西部潜在的社会和经济的发展使它不可能处于一成不变的地位。综上所述，研究不同种类水资源适用条件，对人口增长、经济和社会发展背景下的水权制度应作出的调整和改革具有重要意义。

1.2.4 典型国家水权制度评价

目前，对于典型国家水权制度进行比较分析以及综合评价的研究还不多。罗伯特·斯皮德（2009）对中国和澳大利亚的水权制度进行了比较研究。他分析了水权的本质，认为比水权本身特征更重要的是对水资源的所有者、使用者以及政府部门（作为水资源的管理者）所作出的法律和制度安排。他指出水权制度的发展可以看作是一个连续体，即从一个极端——对水资源不同参与者的权益定义较差并且当权益发生改变时通常被忽视或没有任何的补偿，到另一个极端——权益被清晰地定义和保护而免于受到有害的影响。他构建了水权制度发展的连续体，如图 1 –1 所示。

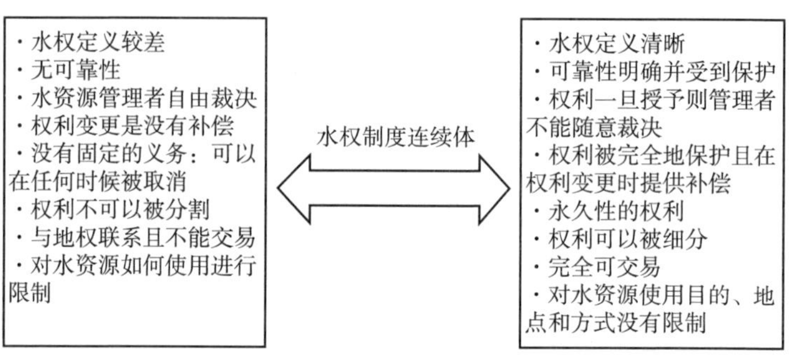

图 1 –1　水权制度发展连续体

其研究依据构建的连续体，分析了中国和澳大利亚水权制度发展的原因、方式以及按照水权制度发展的连续体取得的成效。通过分析中国和澳大利亚的水权制度改革过程，着重对改革中面对的一些相同的挑战以及应对这些挑战采取的不同政策选择进行比较，斯皮德认为中国需要对水权的变更提供补偿，水权交易可以借鉴澳大利亚的短期水权交易，允许水资源的季节性重新分配。而澳大利亚则可以借鉴中国跨省的水量分配方案来解决州间水资源分配的矛盾，通过研究为各自的水权制度改革提供借鉴。但是罗伯特 · 斯皮德的研究也存在一些不足之处。他构建的水权制度连续体仅仅是根据水权制度的发展极端构建的，并没有将水权的内涵以及完善的水权制度的要求考虑在内，其选取的指标不全面，根据连续体对中国和澳大利亚水权制度改革分析时，只是进行定性的描述，缺乏定量的研究以及确定评价标准的事实依据。但是研究总结出了两国现在水权制度改革中各自采用的方法以及取得的成效，对两国水权制度的进一步完善具有重要的借鉴意义。

此外，大卫 · 禹（David Yu，2013）在评价亚洲 17 个国家的水资源管理状况时从水资源法律、水资源政策以及水资源管理三个方面进行评价，并将这三个要素进一步分解成19个指标，构建了包括19个评价指标的水资源管理评价框架。选取的19个评价指标代表了在文献和政策讨论中频繁引用和讨论的水资源管理概念，同时也是被广泛接受的水资源管理都柏林原则的一部分（Dinar and Saleth，2005）。选取的指标分为连续变量和离散变量两类，根据咨询相关专家的意见建立综合指标。使用专家意见是一种构建综合性指标的传统方法，因为对于像水权制度这样定性概念的客观信息很少而且很难获取，通过咨询专家的意见建立综合指标是常用的方法。根据专家评判方法建立的综合指标包括透明国际组织建立的清廉指数、考夫曼等（Kaufmann et al.，2003）建立的管理指标、世界经济论坛（1997）建立的竞争力指标等已经被广泛认可。许多研究表明，这种定性的指标表现出与他们相关的客观效果度量的一致性，在这些指标相互关联的情况下，这种一致性证明并且进一步强化了这种方法的针对性（Kaufmann et al.，2003）。

研究中构建的指标体系如表1－1所示。

表1－1　　大卫·禹建立的水资源管理指标体系

要素	具体指标
水资源法律	不同水资源（地表水和地下水）法律规定的差异
	地表水权形式
	水行业官员的法律责任
	水资源法规分散的趋势
	私人和使用者参与的合法范围
	水资源综合处理的法律框架
水资源政策	项目选择标准
	与其他政策的联系
	价格政策
	私人部门参与
	使用者参与
	水法与水政策的联系

续表

要素	具体指标
水资源政策	对贫困与水资源的关注
	水资源投资经费
水行政管理	组织基础
	独立的水资源定价的存在
	问责制和监管机制
	水资源规划数据的有效性
	科学和技术应用

建立指标体系后，基于研究时段数据，运用集中趋势的统计方法对顺序变量进行分析。对离散变量运用调查问卷的方法进行打分，通过对打分结果进行归一化处理得到最后结果，对各个国家的水资源管理状况进行比较。其中涉及地表水权制度方面的一些比较，但只是简单地以水权制度的有无、公共产权、河岸权制度、优先占用权制度及其他相关制度为标准进行评价，没有对水权制度进行详细比较。大卫·禹的指标选取方法对本研究具有很好的借鉴意义，但是也存在一定的不足之处，没有对各个指标设立一定的评价标准，仅依据统计数据的处理和调查问卷的打分来进行比较，同时只是对水资源的管理现状进行比较，而忽略了水资源实施效果的比较和评价。

综上所述，目前对水权制度比较和评价尚缺乏较为深入的研究，方法还不成熟，主要是对制度进行定性的评价，主观性较大，缺乏对客观的评价指标和评价标准选择的探讨，而且对水权制度实施效果的比较研究几乎没有。指标的选取和标准的制定都是研究的难点，本书在现有研究的基础上拟制定客观的、合理的评价指标体系对水权制度进行比较研究，为各国水权制度的改革和发展提供成功的经验借鉴。

1.2.5 中国水权制度改革研究

随着1988年《水法》的颁布以及1993年《取水许可制度实施办法》的实施，中国的水权制度初步建立起来。由最初依靠水利工程配置水资源转向通过制定水量分配方案将水资源在行政区间进行配置，通过取水许可制度将水资源配置到微观用户的现代水权制度。但是现有的水权制度并不完善，依然存在许多问题，为了加强对水资源的管理，需要对水权制度进行改革。已有许多学者对中国水权制度的改革进行了研究和探讨。李少华等（2006）对中国水权制度创新的背景进行了分析，认为目前中国的取水许可制度只是一种行政配置手段，缺乏保障机制，而且取水权的转换和交易缺乏法律依据，从严格意义上来讲并不是真正的水权制度。水资源短缺和污染问题依然严重，因此必须对水权制度进行改革。在对水权理论和国外水权制度分析的基础上提出了水权制度改革的建议。王亚华（2007）认为中国的水权制度需要在一个框架下推进和实施，他将中国的水权制度体系划分为三大类，即分配制度、实施制度和维护制度，每一类又可进一步划分为九类机制：初始分配机制、再分配机制、临时调整机制、监控机制、惩罚机制、激励机制、信息机制、利益整合机制和保障机制。这构建了中国的水权制度框架，而水权制度的改革应该从这九类机制着手。中国的水权制度着重于对水量进行管理，但是随着工业化和城市化的加快，水污染问题越来越严重，一些水体已经丧失了使用的功能，因此不仅要对水量进行管理，还需要对水质进行严格的监管。贾绍凤（2014）提出应该建立水量与水质相结合的现代水权制度，不仅注重水量的分配，也要加强对水质的管理。倘若水体污染严重已丧失了使用价值，那么此时建立水权制度已经没有意义。目前中国水权制度依然存在许多问题，完善水权制度建设依然有很长的路要走。

第2章　水权理论基础

水权是一个新生概念，经历了长时期的形成与发展，在不同国家形成了不同的内涵，而且，不同的学者阐述的角度不同，形成的水权内涵也不相同，目前，并未形成统一而权威的定义。水权制度的基本理论主要包括产权理论、公共资源相关理论等。

2.1　水权与水权制度

水权即水资源的产权，是产权理论在水资源领域的渗透。水权从广义上可以理解为使用水资源的权利。水权，是一组权利束，包括水资源的所有权、使用权、收益权和转让权，在我国，水资源的所有权属于国家，水权研究的重点在于水资源的使用权，包括水权的分配以及转让等。根据不同的水资源状况和不同的制度背景，使水资源的权利具有不同的性质和结构，从而形成了不同的水权制度。水权制度是对水权的界定、配置、行使以及保护这四个方面进行明确规定的一系列制度的总和。它同时对政府之间以及政府与用户之间的权利、责任和义务进行了明确的规定，对水权从法制、体制、机制等方面进行规范和保障（高而坤，2006）。在已经建立水权制度的水资源稀缺的国家，水权制度经历了惯例习俗或是法律法规（抑或两者兼存）发展而来（Sampath，1992）。不同国家和地区的水资源状况不同、制度背景不同，形成的水权制度也不相同。这些水权制度一般以两种形式存在：一种是正式的水权制度，即通过权威部门立法形成的水权制度，包括水法、水行政法规和水资源管理政策等，对水资源的获得和使用等从法律上进行了明确的规定；另一种是非正式的水权制度，是在一定背景下形成的用水习惯和习俗，没有从法律上进行明确规定。在正式制度和非正式制度中，正式制度的地位尤为重要，它决定了水权的界定和运作规则，而正式制度需要非正式制度的支持，可以说非正式制度决定了正式制度的实现形式（贾绍凤等，2012）。一般情况下，水权制度包括水资源所有权制度、水资源使用权制度以及水权交易制度。具体包括以下内容。

第一，对水权构成中的各项权益、责任、义务进行规范，对水权的内容、取得方式、转让条件和程序进行规定；第二，在水资源调查评价、水资源开发利用规划的基础上，完善水资源宏观配置制度，建立流域水资源配置制度和民主协商决策机制，规定流域的水资源分配原则；第三，完善取水管理制度、水资源总量控制和定额管理制度；第四，根据水资源的经济学内涵和定价原则，完善水资源的有偿使用制度；第五，建立水权交易制度，对于水权交易的各个程序都作出严格的规定，特别是对水权的归属、权限范围和取得水权的条件作出明确的规定，对各种水权获得和流转的实施人有明确的规定，对各种水权的获得和流转有明确的条件和法律规范，对水权的流转价格有一定的管制，规定价格不合理上涨时应该采取的措施。

建立水权制度具有重要的意义。第一，水权规定了水权拥有者的用水权利和边界。通过明晰水权，初始水权分配明确了水权拥有者的取水权利和边界，规定了各权利人开发利用水资源的权利以及水资源量，从而实现了水资源需求管理的目标。同时，通过用水权利边界的界定，初始水权分配规定了行业和部门之间竞争性用水的顺序。第二，通过水权界定，为水权转让提供了产权基础。水权的转让体现了用水价值和利益的转让，从而可以促进权利受让人高效地利用水资源。第三，明晰水权为市场化的水资源管理机制的建立奠定了基础（高而坤，2007）。水权制度的最终目标是建立可交易的、完善的水权市场体系，只有在水权明晰的基础上建立水市场体系，才能充分发挥市场配置水资源的作用。

2.2　产权理论

产权理论是水权理论的基础（傅晨和吕绍东，2001），水权是产权理论渗透到水资源领域的产物。产权理论经历了很长的时间才发展成熟，产权理论的中心在于产权的界定和交易（贾绍凤，2006）。此外，水权制度改革主要是探索如何使市场机制在水资源配置中发挥最大作用，也就是说如何通过水权交易实现水资源的优化配置，而产权理论又是以产权的界定和交易为重点，因此，产权理论的研究对水权制度研究具有重要的意义。

2.2.1 产权的定义与特征

产权是法学和经济学中一个重要的概念，法学中将产权理解为权利与义务，经济学中产权强调的是经济与效率，是由于物的存在而引起的人与人之间的行为关系。产权经济学家阿尔钦（Alchian，1991）认为产权是在一定的社会背景下，强制实行的选择一种物品进行使用的权利。巴泽尔（Basel，1997）认为产权概念与交易成本是密切相关的。德姆塞茨认为产权是自己或他人受益或受损的权利。菲吕博腾和平乔唯奇（1972）对产权的定义下了一个结论，即产权不是人与物之间的关系，而是由于物的存在引起的人与人之间相互认可的行为关系。现代经济学则认为，产权是市场经济条件下，用于界定物品交易过程中人们获益、受损以及带来的补偿问题（Coase，1996）。产权主要有三大特征：一是产权不是单一的权利，而是一组权利束。马克思始终坚持产权是一组权利的组合。对于一种产权制度，产权都是以权利集合的形式存在，包括使用权、收益权、转让权等。二是产权具有可分离性。由于产权是一组权利束，这些权利在一定程度上是可以相互分离的。马克思指出在一定情况下，这些权利是统一的，属于权利人，而在一些情况下，这些权利是可以分离的，可以为不同的权利人所有。三是产权是受约束和限制的。虽然产权包括资源使用的所有权利，但是这些权利并不是不受限制的，权利的行使必须在一定的范围内，一种权利的行使超出正常的范围，其他权利的行使就会受到干扰。

2.2.2 产权以及产权制度的主要功能

产权的主要功能就是通过产权界定实现外部性的内部化。此外，产权的另一个主要的功能就是激励人们将外部性最大程度的内部化（Colby，1987；H. Demsetz，2004）。而产权界定不清则是产生“外部性”和“搭便车”的主要根源（姚杰宝，2006）。亨和肖（Hung and Shaw，2005）指出资源产权界定不清是包括水资源在内的所有资源低效率使用以及“市场失灵”的主要原因。产权所具有的这些属性需要有特定的制度来进行约束，产权制度是只用来对产权进行管理和保障的制度。它是以产权为中心，对产权的界定、交易，以及人们关于产权的行为进行协调和保护的一系列制度和规则的总和（李雪松，2006）。科学合理的、有效的产权应该具有界定明确、可转让性、排他性和可实施性。合理的产权制度主要具有三个功能：一是激励功能，产权制度能够为所有者带来一定的收益，从而对所有者的经济活动产生激励作用；二是制约功能，产权的制约功能与激励功能相对，规定了所有权人不能超出的权利范围，一旦超出这一范围，所有权人就会受到处罚，这相当于一种“成本制约”，产权制度通过人为设定一定的交易成本对所有权人的行为进行约束，较高的交易成本会限制产权人的经济行为；三是高效率配置稀缺资源的功能，产权经济学家认为，经济学是对稀缺资源产权的研究，一个社会的稀缺资源配置就是对稀缺资源使用权利的安排。产权制度重新确定了产权所有者对资源的行为关系，从而决定了资源在各个主体之间的配置状态。合理的产权制度能够促使资源使用向高收益的一方流动，这一过程通过产权交易来实现。

将产权理论运用到水资源领域，对水资源赋予明确的产权，能够有效地避免“公地悲剧”的发生，有利于提高水资源的利用效率促进水资源的高效利用，保证水资源的可持续利用（姜文来，2000）。清晰界定水资源产权，应该以产权理论为理论基础，以产权制度的要求为依据，实现水资源的优化配置，提高水资源的利用效率。

2.3　公共资源外部性与产权形式

2.3.1　公共资源外部性

在“公地悲剧”中，牧场作为一种公共财产，不是属于私人所有，是一种公共资源。公共资源是一种人造的或自然的资源体系，在对公共资源使用时，为了排除因使用该资源而获益的潜在受益者必须花费一定的成本（Ostrom，1990）。公共资源具有两个重要的特点，一是非竞争性，在资源的使用过程中，增加一个人不会对他人对资源的使用产生影响；二是非排他性，要排除一个人使用资源并从资源的使用中获益需要花费很大的成本。而公共资源的非竞争性和非排他性是公共资源外部性存在的重要原因。

外部性的“外部”是针对市场体系而言的，是指在资源使用过程中，没有通过价格反映出来的那部分经济活动产生的副产品或副作用。这些副产品或副作用对外界产生的影响可能是有利的，也可能是有害的。对外界带来有益影响的外部性称为外部经济性或正外部性，例如植树造林在防御风沙和水土流失的过程中，可以改善空气的质量，提高人居环境的质量。而有些外部性带来的影响则是有害的，例如水资源在使用过程中形成的废水、污水不经处理直接排放到水体中，造成水体污染，水生生物死亡等等，这种外部性称为外部不经济性或负外部性。而外部性产生的根源则主要是由于产权界定不清晰造成的。市场经济是通过市场机制实现资源配置，当市场不成熟而存在缺陷时，市场的资源配置效率就会受到影响，即发生“市场失灵”的情况。而外部性的存在强化了“市场失灵”的影响，进行交易的产品价值不能通过价格充分地体现出来，一部分没有参与到经济活动中的群体自然地获得了经济活动的产品，从而产生“免费搭车”的现象。具体来讲，经济活动带来的外部性包括两种情况：一种是经济活动对其他人也造成不良影响，但是并没有对受害人做出赔偿，此时受益者为私人，造成的不良影响则由全体成员承担；另一种是经济活动在给当事人带来利益的同时，其他人也免费获得了这种利益，此时受益者为全体成员，经济活动的成本则由当事人自己承担而未获得相应补偿。不管哪一种外部性发生，都会妨碍资源配置的效率（李雪松，2005）。

产权界定清晰可以有效地避免资源使用过程中产生的“外部性”。市场交易的本质就是产权交易，产权交易的前提条件就是产权界定，在保障权利的基础上进行公平交易。在产权得到界定以及相应制度下，通过产权交易提高资源的配置效率，实现以较少的投入获得较大的产出，以促进经济的增长，提高社会福利，这就是市场交易的最终目的。

2.3.2 公共资源产权形式

公共资源是同时具有非排他性和非竞争性的物品，是一种人们共同使用整个资源系统但分别享用资源单位的资源。奥斯特罗姆（Ostrom，1990）指出："公共资源是一种人们共同使用整个资源，但是分别享用资源单位的资源。在这种资源背景下，作为理性的人，处于追求自身利益的最大化，会造成资源的竞争性使用甚至资源退化。"布罗姆利（Bromley，1996）将资源产权分为四种类型，即私有产权、共有产权、国有产权以及自由产权，后三类产权常被称为公共产权。

私有产权就是将产权的使用、转让与收益权赋予一个特定的人，它可以将这种权利与其他有类似权利的资源相交换，或是通过自由合约将这种权利转让给他人。在完全界定的私有产权下，产权所有者在做出决策时会权衡花费的成本和收益，选择获益最大的方式对资源做出安排。在私有产权下，可以通过市场交易解决外部性问题，交易的最终结果是从外部性中得到的收益与外部性产生的成本相等。在国有产权和共有产权下极易产生的外部性问题在私有产权下都被内部化了，因此能够产生更有效地利用资源的激励。

共有产权是指在某个集体的内部，每一个成员都享有这些权利，排除了集体之外的成员享有这些权利。集体内部每一个成员的权利是平等的。在这种制度下，由于每一个成员平等地享有权利，如果对他使用共有权利的监督和谈判的成本不为零，那么他在追求个人利益最大化时，不能排除其他人共同努力的结果。所有成员要达到一个最优化的行动方案的成本很高，因此，共有产权导致了很大的外部性。

国有产权是指权利由国家内的全体公民所有，国家按照一定的政治程序决定这些权利由谁享有。在这种制度下，由国家选定代理人来行使这些权利。这些代理人作为权利的使用者，对权利的使用和转让都不具备完全的权能，这就使其对其他权利人监督的激励降低，而国家对这些代理人进行监督的成本提高。此外，权利人还会追求政治利益而偏离追求经济利益最大化，因此，国有产权有很强的外部性，其经济绩效较低。

自由进入产权（非实在的产权）不存在所有权，也没有建立经济上或法律上的权利。

公共资源产权也可以采取上述四种产权形式，不同的产权形式下，获得的资源配置效果不同。

2.3.3 公共资源产权安排

在对公共资源产权安排进行研究时，许多学者提出了一些著名的理论。包括哈丁的“公地悲剧”、科斯定理等。

1. 公共资源产权私有化

1968 年，哈丁（Harding）在《公地的悲剧》一文中提出了著名的“公地悲剧”模型：

一群牧民共同生存在草原上，草原对于公众是开放的，牧民可以在草原上饲养牲畜，牧场是公众所有的，而牧民饲养的牲畜则是属于个人所有。牧民作为理性人，他们为了追求自身利益的最大化，都会在牧场上饲养尽可能多的牲畜，以获得个人最大的利益。他们每多饲养一头牲畜，收入就会增大，而不需要付出任何成本。然而，牧场的承载力是有限的，当牧场的承载力难以长期维持越来越多的牲畜时，每增加一头牲畜就会给草原带来某种损害，而这一损害则是由全体牧民来承担的。最后的结果是越来越多的牲畜超出了草原的承载力，导致牧场退化直到整体毁灭（Hardin，1968）。从哈丁的“公地悲剧”模型可以总结出：公共资源的自由使用促使人们最大限度地使用资源，以获得最大的利益，或是将公共资源变为私有财产。对资源的无限制使用最终造成了资源退化，使人们的长期利益受到损害。

科斯（Coase）对哈丁的“公地悲剧”做了进一步的研究。他认为“公地悲剧”发生的原因，主要是因为牧场作为公共资源为全体牧民所有，牧民作为理性人，为了获得尽可能大的个人利益，就会对牧场进行过度利用，最终会造成牧场的牧草破坏、土壤肥力下降、甚至水土流失，使得牧场退化。假如将牧场这一公共资源转变为私人所有，即将牧场卖给牧民，那么牧场作为牧民的私有财产，牧场的利用与牧民的切身利益相关，牧民就会为了自身的长远利益从而对自己所有的那部分牧场进行合理的管理，综合考虑放牧对牧场的影响，使整个牧场得到合理利用，不会引起牧场的退化。据此，科斯提出了著名的“科斯定理”：“当各方面能够无成本地讨价还价并对大家都有利时，无论产权如何界定，最后结果都是有效率的。”也就是说，当不存在交易费用时，通过协议将公共资源进行重新分配，将产权分配给个人，个人出于自己的长远利益，会对资源进行合理管理，最终有利于整个公共资源利益的最大化。当存在交易费用时，通过产权的合理配置，在获得最大的利益同时，资源也会得到合理的利用与保护。当存在交易费用且为正的情况下，人们会综合考虑资源利用的成本和收益，在资源产权明晰的情况下，可以从一定的资源使用中得到明确的、可预期的收益，这样会促使人们权衡资源的使用成本和带来的收益，对资源进行更为合理的配置，同时他们有权对自己的资源进行保护。从宏观上来看，市场秩序越差，交易成本越高，就越会使市场经济的效率受到影响。通过产权的清晰界定，可以对人们的行为进行有效的约束，提高资源的利用效率，减少交易成本，最终形成良好的市场秩序，提高市场经济的效率。总的来说，“科斯定理”强调私有产权的作用，通过产权界定实现资源的合理利用（Coase，1996）。

著名的产权经济学家德姆塞茨（1991）也对产权问题进行了研究，主要是对所有制、控股权以及外部性问题进行了探讨。他认为通过私有制，可以提高资源的利用效率，降低交易成本，提高市场效率。科斯和德姆塞茨都支持资源的私有化，认为将公共资源私有化具有优越性，可以最大程度地实现资源的外部性内部化，提高资源的利用效率。

2. 公共资源私有化的批判

也有学者不同意产权私有化的观点，其中具有代表性的就是斯蒂格利茨和奥斯特罗姆。斯蒂格利茨认为产权的私有化虽然可以提高资源的利用效率，降低交易成本，提高市场效率，但是同时可能引发“政府失灵”和“市场失灵”的现象。同时，并不是所有的公共资源产权都可以清晰界定，例如，水资源由于具有流动性，使得其产权的界定较为困难。大气资源也是如此。他认为，在利用市场机制配置资源的过程中，必须有政府进行干预。

平迪克、鲁宾菲尔德（1997）强调支持政府在资源配置中的作用，将资源进行完全的私有化是行不通的，必须有政府在资源的配置中进行干预。巴泽尔（1991）认为所有的公共资源都留下了一个“公共领域”，由于交易成本的存在，所有的产权不能够被清晰地界定，未界定的权利的价值就留在了这部分“公共领域”里，这时就需要借助其他有效手段对这部分资源进行管理。奥斯特罗姆（1990）认为私有化并不是解决公共资源“免费搭车”的唯一方法，其他方法例如有效的管理制度、相互监督制度以及集体分配等都可以实现资源的有效配置。

谢地（2006）研究了避免发生“公地悲剧”的各种制度安排方式的优缺点。认为若采用完全的私有制，虽然在一定程度上能够解决“公地悲剧”，但是随之带来了“私地悲剧”、外部性陷阱和社会不公平性等问题，实际上是以“市场失灵”代替了“政府失灵”。若采用完全的公有制，由政府代理行使所有权，借助政府的力量，通过法律、行政手段对公共资源进行管理，对资源的使用进行有效地监督，一方面可以保证使用者的平等权利，另一方面也能够矫正私有产权下难以矫正的外部性。但是，政府对公共资源控制的最优配置要在信息完全、完全理性、监督有力、运行成本为零的条件下才能实现，在实际情况中，由于各方面条件的限制，政府不得不放弃一部分资源的管理，使这部分公共资源的产权处于“真空”状态，继而引发“公地悲剧”。若采用自主组织与自主治理的方式，在一定程度上可以实现新制度供给、可信承诺、相互监督这三个核心问题，在实践中取得了一定的成功，但也有一定的局限性，由于实践中三个核心问题解决得不好，失败的案例也较多。

由于公共资源具有的特殊性，因此需要对其进行有效地管理才能实现公共资源的高效利用，避免“公地悲剧”的发生。新古典经济学认为，当财产私有时，出于个人的长期利益，所有者会认真照管；当财产公有时，使用者有使用和收益的激励但是缺乏照管的激励，会导致资源的过度利用，产生一系列的外部性问题。因此，需要对公共资源采取合理的手段进行管理，最大限度地实现外部性内部化，提高资源的使用效率。

水资源作为一种典型的公共资源（commom pool resources），且具有流动性，对其进行明晰产权具有一定的困难。在水资源管理中引入产权理论，通过合理的水资源产权安排实现水资源稀缺地区对水资源的合理配置，提高水资源的使用效率。

2.4　水资源外部性

水资源作为一种公共资源，其外部性主要表现为负的外部性或外部不经济性，主要表现在以下几个方面：

2.4.1　水资源的代际外部性

地球上的水资源是有限的，随着经济发展和社会的进步，对水资源的需求越来越大，水资源逐渐成为一种稀缺的资源。水资源的代际外部性是从水资源的可持续利用角度出发，考虑几代人的用水问题以及相互之间的福利影响。当代人是行为主体，后代人只能承受当代人产生的影响。后代人用水是否能够满足取决于当代人的用水策略。当代人为了追求自身利益的最大化，对水资源的需求是无限的，必然会对后代人的用水产生影响，这被称为水资源的代际外部性。

2.4.2　取水成本外部性

在一定流域一定时期，水资源的可利用量是一定的。某一流域水资源过度利用将会导致每单位取水成本上升。例如，某水权所有者的行为将会对其他所有者的井深、水泵功率大小和井口大小产生影响，增加其他水权所有者的取水成本。

2.4.3　水存量外部性

水资源量在一段时间内是稳定的，过度的开发利用导致水存量的减少。水存量外部性是指在某一时期，某一水权所有者过度利用水资源使得水量减少，就会对其他水权所有者的用水量产生影响。

2.4.4　水环境外部性

水资源开发利用过程中会对周围的环境产生影响，例如水资源过度开发利用会造成地下水位下降、海水倒灌、土壤盐碱化等，降低了社会的边际成本，而开发利用者不需要承担这一成本，此时水资源的外部性属于负外部性。倘若通过修建水库采取节水措施，改善了周边环境，此时水资源产生的外部性属于正外部性。

2.4.5 取水设施外部性

水资源的获取依靠一定的取水和供水设施，由于用水者的不确定性，使得水权持有者缺乏对水资源供给设施投资的激励。水利设施建成以后，由供水者自己负担供水成本，负责水利设施的建设和维护，而其他人可以免费享用，产生搭便车的现象，造成水利设施维护不足。由于外部性的存在，市场机制对水资源的配置失去作用，市场价格不能反映社会的边际成本。

2.5 实现公共资源外部性内部化的策略

为了实现水资源的有效配置，应该采取相应的措施实现水资源外部性最大程度内部化。对于水资源这类公共资源，实现其外部性内部化的方式主要有两种：一种是依靠政府手段实现外部性内部化，包括政府的行政手段和经济手段；另一种是依靠市场来实现外部性内部化。

2.5.1 通过政府手段实现公共资源的外部性内部化

政府在解决公共资源的外部性时主要有两种方式，即经济手段和行政手段。

1. 政府通过经济手段解决公共资源的外部性

政府通过经济手段解决公共资源的外部性主要是通过弥补资源使用中的个人成本与社会成本之差来解决外部性问题。当资源使用过程中产生正的外部性时，即花费的成本属于私人的，但是产生的结果为全体成员受益，此时，政府可以为当事人提供补给，以对私人花费的成本提供一定的补偿。当资源使用过程中产生负的外部性时，即当事人获益，但是造成的不利影响却要全体成员承担，此时政府可以通过向当事人征收税收的方式来反映其真实的成本。对于水资源在使用过程中对水体造成污染的，例如向水体中排放污水，可以对其征收排污费，促使产生的外部性内部化。

2. 政府通过行政手段解决公共资源的外部性

政府通过行政手段解决公共资源的外部性是政府通过法律法规等形式直接规定造成的外部不经济性的最大范围，对于超过此范围的行为进行相应的处罚等。例如，对于排放到水体中的废水制定一定的标准，对于不符合标准的污水禁止排放或对于违规排放采取一定的处罚措施。

通过政府的行政手段实现公共资源的外部性内部化具有一定的优势，可以减少交易成本，也可以培育市场。但是也存在政府低效率的情况，即斯蒂格利茨称之的“政府失灵”。导致“政府失灵”的原因有以下几种：一是由于政府掌握信息不充分，政府与个人之间信息的不对称导致了上有政策下有对策的局面，甚至使政府的决策出现意外的后果，产生低效率的现象。二是因为政府虽然有强制性，但是需要有一定的程序来实现，使得政府的决策缺乏及时性和灵活性，难以及时地应对实际情况的变化。

2.5.2　利用市场机制实现公共资源外部性内部化

从“科斯定理”中可知，当交易费用为零时，资源的使用效率与初始配置无关。但是交易费用为零的情况通常是不存在的，当存在交易费用时，不同的产权配置和调整会产生不同的使用效率。此时，只要产权界定清晰，交易双方会尽量使交易费用最小，使资源转移到使用效率最高的地方，实现资源的优化配置。因此通过市场交易可以实现资源的优化配置，使资源从成本高收益低的地方转移到成本低收益高的地方，提高资源的使用效率。同时“科斯定理”支持利用市场手段解决外部性，但是这也存在一定的问题。因为市场并不是万能的，“市场失灵”的问题也时有发生，仅依靠市场解决外部性也是不可能的，此时就需要借助政府手段进行干预。

2.6 本章小结

本章对水权的基本理论进行了论述，主要理论包括以下几点。

（1）水权是一组权利束，在不同的水资源状况和制度背景下形成了不同的水权制度。建立水权制度对水资源管理具有重要意义。

（2）产权是一组权利束，具有可分离性、受约束性和限制性。具有激励功能、制约功能以及高效配置资源的功能。

（3）“科斯定理”指出，当不存在交易费用时，通过资源协议将产权合理配置，可以实现社会利益最大化；当存在交易费用时，通过产权的重新配置，可以使外部性内部化。

（4）巴泽尔、斯蒂格利茨等不支持科斯的私有化观点，他们认为公共资源完全私有化是不可能的，市场配置资源的过程中必须有政府进行干预。

（5）水资源具有外部性，为了提高水资源的使用效率，必须采用合理的手段最大限度促进外部性内部化。包括依靠政府的行政手段和经济手段以及市场机制的运用。

第3章　水权赋权依据与水权分类

明晰的产权具有排他性、可转移性以及受保护性的特点，通过产权的清晰界定可以实现资源的优化配置。而水资源产权的界定正是期望借助于产权的功能实现水资源的优化配置，提高水资源的利用效率。水权赋权是一个最原始的问题，说明了水权的权利来源。本节首先论述了人类的赋权理论，在人类的赋权理论和水资源赋权的历史事实基础上，总结水权赋权的依据，包括赋权的人类伦理依据与具体依据，根据赋权依据划分出水权的元类型，进一步划分出现实中的水权制度类型，并分析水权元类型与实际水权制度的关系。

3.1　水权赋权理论和必要性

3.1.1　赋权理论

产权经济学区分了产权的两个重要概念，即“产权赋权”与“产权行使”。产权的明晰赋权是重要的，是产权行使的前提。产权赋权是指对原来的公共的或无主的资源确定归单位或个人使用的过程。产权界定了人们在交易中如何收益、如何受损以及如何补偿的行为权力。产权制度影响或决定着资源配置效率。清晰的产权有利于避免公共资源的过度使用，避免“公地悲剧”的发生。

“产权赋权”活动在古代就已体现出来。古代狩猎活动中人们对于猎物的分配，许多民族遵循着原始共产主义平均分配的原则，除了野兽的头和皮毛分给打死野兽的人外，野兽的肉平均分给每个狩猎者，包括猎犬都能得到一份，在分配过程中体现出公平原则。原始社会人们对猎物的分配即属于对资源的产权分配过程，在公平原则的基础上，将资源等分给使用者使用，即产权赋权。

“赋权”一词由哥伦比亚大学学者巴巴拉·所罗门（Solomon）提出。最初用于对受歧视的少数民族的赋权。20 世纪 70 年代，所罗门开始对美国黑人少数民族进行研究。他通过对居住于美国的非洲裔黑人的研究，提出对社会中被歧视的少数民族或弱势群体进行赋权，在社会工作中逐渐引入了赋权概念。1976 年，所罗门发表了最具有代表性的著作《黑人赋权：受压迫社区中的社会工作》，标志着赋权开始在社会工作中出现。所罗门在书中采用赋权一词来描述美国社会中黑人少数民族因长期遭受同辈团体、优势团体与宏观环境的负面评价，而感到深切、全面的无权，因而建议社会工作应该致力于增强黑人民族的权利，以解除社会工作中的“制度性种族主义”所带来的压迫和疏离。

基于产权赋权理论，本书所研究的水权赋权，是指原本无主或作为公共资源的水资源被授予单位或个人用水者使用的排他性权利界定过程与结果，也就是水资源产权的界定过程，是产权赋权在水资源领域的延伸。汪恕诚、姜文来、贾绍凤等均对从产权角度的水资源产权的界定进行了研究。水权赋权就是通过赋予水资源排他性的权利，避免“公地悲剧”的发生，实现以有限的水资源投入获得最大的社会经济收益，提高社会的净财富量。

3.1.2 水权赋权的必要性

对水权进行赋权具有必要性，主要表现在：

第一，水权赋权有利于建立有序的水资源使用秩序。早期水资源属于公共资源。在供需矛盾日益激烈、水资源紧张的状况下，开放性的水资源使用会形成无序状态，造成冲突和整体低效。费希尔（Fisher，2000）强调，明确水资源产权，对水资源产权做出明确的安排，有利于避免水资源冲突，形成良好的水资源使用秩序。因此，通过对水资源进行明确赋权，对用水者的行为进行限制和约束，能够有效地避免对水资源使用的争夺，减少因水资源使用引起的争端，建立起更为有序的水资源使用秩序。

第二，水资源赋权有利于提高水资源的利用效率。有效的水资源赋权有利于促使水资源外部性最大程度的内部化，减少水资源使用的外部性。德姆塞茨（Demsetz）认为产权的主要功能就是使资源的外部性内部化，产生“外部性”和“搭便车”的主要根源就是产权界定不清。通过产权的清晰界定，可以避免无偿受益和无辜受害的情况，从而使公共资源使用过程中产生的外部性内部化。亨和肖的研究指出“资源产权界定不清是导致资源（包括水资源）使用效率低的主要原因”。通过对水资源赋权，明确产权主体的权责利，提供人们外部性内部化的激励，减少水资源的外部性，从而提高水资源的利用效率。同时，赋予水资源清晰的产权有利于减少水资源使用的不确定性，有利于用水者进行长期的合理安排，也有利于提高资源利用效率。

第三，对水资源进行赋权有利于促进水资源的可持续利用。产权制度是对资源的所有权和使用权进行界定，对资源使用中受益或受损以及补偿原则作出规定，并明确了资源的产权交易规则，同时也对产权的保护作出规定。对水权进行明确界定，既有利于提高水资源的利用效率，又有利于激发人们对水资源保护的积极性。

随着可持续发展原则的提出，生态用水受到重视，成为新的水权赋权依据，更直接有利于对生态环境的保护，有利于促进水资源的可持续利用。

3.2 水权赋权依据分析

3.2.1 伦理与依据

1. 公平、正义原则

公平与正义是水权赋权应该遵循的最根本的原则，只有公平、正义的水权制度才能够得以贯彻并且长期实行。公平与正义是建立有效的水权制度、促进水资源优化配置的政治经济学前提。

人类的生存和社会的发展都离不开水，获得水资源的使用权是人类生存和社会发展的必要条件，也是社会公平的重要体现。因此，在水权确定的过程中，必须要考虑到公平、公正的原则。只有符合公平公正的赋权制度才能长久。

2. 合理利用原则

合理利用原则要求所赋予的水权必须被合理利用，否则就可能被剥夺。这是为了防止宝贵的水资源被滥用而损害社会整体的利益。例如加州水法要求不论是水的河岸权还是优先占用权，都必须符合合理利用原则。

3. 可持续发展原则

可持续发展原则实际上是公平公正原则在代际上的体现。水权制度建立应坚持可持续发展原则。可持续发展意味着经济效益、社会效益与生态效益的统一，在时间上体现着当前利益与未来利益的统一。可持续性原则不仅要求水权的确定充分考虑不同地区、不同人群生存和发展用水权的平等性，而且还要充分考虑经济社会和生态环境的用水需求。这就要求在开发利用水资源的同时，要注重对生态环境的保护，使得水资源利用与生态环境保护相协调，以保证水资源的可再生性和人类社会的持续利用。

3.2.2 具体依据

水权赋权的伦理原则，在实践中还需要转化成具体的原则，以作为可以操作的赋权依据。

1. 以空间邻近性为赋权依据

即根据空间上是否邻近水源作为获得水资源的依据，如按空间上靠近河流的土地所有者拥有水权、土地拥有者对土地下面的地下水拥有水权。空间邻近性原则表示谁靠近水资源谁拥有水权，用空间距离来体现公平原则。源于英国普通法和拿破仑法典的河岸原则即依据离河流远近的空间位置获得水资源的使用权。拿破仑法典中提到，不动产邻近水体的产权所有者，如果水体不属于公共财产，那么产权所有者就可以获得水体的使用权。1766年，布莱克斯通（Blackstone）提出：如果河流尚未占用，那么就可以通过占用土地来获得水权。这些都是依据土地的空间位置来获得水资源的使用权。

2. 以时间先后为赋权依据

即根据开始用水的时间先后顺序确定水权。“先来后到”的时间先后原则，也是产权确定的古老原则，不但是对水权，在土地权、领土权、海洋权益等方面都有体现。早在18世纪60年代布莱克斯通在对英国法律的评论中就已经提出了先占原则，他指出，在地表或海洋发现的动产，在没有被任何人拥有的前提下，假定他们是最后的经营者所抛弃的，因此重新回到大量物品当中。在自然状态下，他们属于第一个占有者或是幸运发现该种动产的人，除非他们已经被命定为隐藏的财产而法律规定这些财产是由国王所授予（Blackstone，1769）。1847年，犹他州先驱者盎格鲁—撒克逊人在大面积灌溉时形成了一条规则，“谁先使用水资源，谁就比后来者有时间上的优先权继续使用这部分水资源”。1848年，加州淘金潮时期，墨西哥和西班牙矿业法中的“先占原则”被用到水资源的使用中。根据时间先后获得水资源使用权的原则便形成了。

3. 空间与时间相结合

即同时考虑河流、灌区沿岸土地位置与用水的时间顺序来确定水权，具体例子有，中国清朝时期陕甘总督年羹尧在黑河流域实行的轮水权，灌区内处于不同空间位置内的用户，轮流在规定的时间段内使用水资源。因此，这是根据空间位置和时间先后顺序获得水资源的使用权。河西走廊的石羊河流域也存在“均水制”，《镇番县志》记载：“供给一岁自清明次日起，至小雪次日止，除春秋水不在分牌例外，上下各坝轮流四周。……遇山水充足，可照牌数轮浇。”当河川径流正常、泉水溢出时，上下游之间轮流取水，秩序良好（王忠静，2013）。这也是按照时间和空间相结合的顺序来确定水权。

4. 以社会水资源需求为赋权依据

这实际上是合理利用原则的体现，包括饮用水作为基本人权的体现。它将水资源总量按照现实或预测的水需求按比例分配给用水者使用，各用水者获得的水权平等地满足其需求。中国1987年的黄河流域分水方案就是按照实际的水资源需求量和预测需求量将水资源在不同的行政区间进行分配。美国科罗拉多河流域，分别于1922年、1928年、1944年和1948年签订了分水协议，考虑到实际的用水需求，将水资源在不同的地区和州间进行分配。这些都是考虑到实际的社会水资源需求，按需求获得水权。

5. 以生态保护为赋权依据

这是可持续发展原则的具体体现，即为了维护（保护）和改善（整治、恢复、建设）某一区域的生态环境，明确生态需水量，合理界定生态水权，保证生态需水量不被人类生产、生活用水侵占。中国的塔里木河流域生态水权的确定是将生态保护作为水权赋权依据的典型例子，为了保护塔里木河的生态环境，防止流域生态环境的继续恶化（李云玲，2004），确定了生态环境的用水量，赋予生态环境合理的用水权并加以保护，以实现保护生态环境的目的。

3.3 基于赋权依据的水权元类型及特点

依据上述水权赋权依据，将水权归结为五种基本类型。

3.3.1 河岸权——以空间邻近性为赋权依据

河岸权是根据河流沿岸土地的空间位置进行赋权的。沿岸土地所有者自然拥有水权。只要土地所有者遵循合理利用的原则而不对其他所有者合理利用的权利造成损害，对水资源的使用就没有限制（Kinyon，1936）。河岸权最早起源于英国的普通法，后来被美国东部地区所采用。目前，河岸权依然被英国、法国、加拿大和美国东部等水资源丰富的地区所采用。

河岸权的特点是：第一，水权与所属沿岸的土地所有权相联系，与河岸不相邻的土地所有者无法获得水权；第二，只要土地所有者对水资源的使用不影响到其他土地所有者合理用水的权利，那么对水资源使用量就没有限制，即符合“不对老用水户用水造成影响”；第三，河岸土地所有者拥有的水权是平等的，没有优先顺序，不会因为水资源使用的先后顺序而改变，如果合法取得了河岸土地的所有权便取得了先前拥有水权者的水权；第四，河岸水权所有者不会因为其不使用水资源而丧失所有权；第五，如果水权所有者为不拥有水权的人提供用水，则被认为是不合理用水，拥有的水权就会受到限制甚至丧失。

此外，根据水资源产地确定水权归属的产地水权可以认为是河岸权的一种特殊形式，离水源地近的土地所有者拥有水权。另外，附属于土地的地下水权也可以理解为一种特殊的河岸权，例如，美国夏威夷的大部分地区将地表水权与地下水权相区分，单独定义地下水权，土地所有者拥有相应的地下水权。这两种水权都是依据空间邻近性来确定水权。

3.3.2 优先占用权——以时间先后为赋权依据

优先占用权是依据用水的时间先后顺序来确定水权。谁先使用水资源，谁就拥有这部分水资源的使用权，即“先来者有权”（Tarlock，2000）。优先占用权最早源于19世纪中期的美国西部干旱缺水地区的水资源开发实践，占用水权理论源于民法中的占有制度，目前仍然是美国西部主要的水权制度。

优先占用权的特点是：第一，时先权先，谁先使用水资源谁就先获得水权，先获得水权的用户比后获得水权的用户拥有更高级别、更优先的用水权利，后者能否获得水权取决于是否有剩余的水资源量；第二，有益利用原则，水资源必须用于产生效益的活动而且不能损害他人的利益；第三，不用即作废，即优先占用的水资源的使用必须持续进行，如果在一段时间内不使用这部分水资源——一般是5年内没有被连续使用，那么优先占用的水权就会丧失。

3.3.3 轮水权——以空间和时间相结合为赋权依据

轮水权规定在用水者之间轮流用水。这种水权类型显然既不是河岸权，也不是优先权，而是一种独立的水权类型。轮水权是以空间和时间相结合为依据来确定水权。在这种水权制度下，流域或灌区不同地区按时间顺序轮流使用水资源。轮水权是清朝时期黑河流域采取的一种水权制度形式，也被称为“均水制”，是 1726 年由陕甘总督年羹尧建立的（沈满洪和何灵巧，2004）。均水制定于“每年芒种前十日寅时起，至芒种之日卯时止，高台上游镇江渠以上十八渠一律封闭，所均之水前七日浇镇夷五堡地亩，后三天浇毛、双二屯地亩”。芒种小麦吐穗时需要浇水，之后就不需要再浇水，于是在芒种前封闭上端口十天，给下游的高台和鼎新灌区放水，按照从上游到下游的顺序，各河段在规定的时段轮流用水。因此，轮水权是同时将沿岸土地的空间位置和水资源使用的时间顺序相结合作为依据划分的水权类型。

3.3.4 社会需求水权——以一定时期的社会水资源需求为赋权依据

社会需求水权是依据社会对水资源的需求确定的水权类型。在公平的基础上，根据一定的原则，将水资源总量按照一定时期的实际或预测水资源需求比例分配给各用水者。中国最早的实例是“黄河 87 分水方案”，它是根据 1980 年实际用水量以及 2000 年预测水资源需求量将水资源在流域内 9 个省之间以及流域外的河北和天津之间进行分配（H. R. Wang，D. Wang，Liu，2008）。

3.3.5 生态水权——以生态保护为赋权依据

生态水权是依据保护生态环境的需要对水资源进行赋权。通过定义生态水权，保证维持生态平衡所需要的最小水资源量，以保护生态环境，防止生态环境的恶化（Li，Xie，2003）。随着人口急剧增加和工农业的快速发展，水资源供需矛盾日益突出，人们对水资源的过度使用已经影响到维持生态系统稳定所需的最小水量，生态环境问题日益严重。一个代表性例子是新疆的塔里木河流域。其耕地面积由新中国成立初期的 $66.67\times10^2km^2$ 增加到 20 世纪 90 年代的 $153.33\times10^2km^2$，农业用水增加，在很大程度上挤占了生态用水量，造成河流萎缩，河流下游断流 320km，生态环境严重退化。最终导致台特马湖干枯、地下水位下降、生态林面积锐减、下游胡杨林面积由新中国成立初期的5.33×10²km²下降到0.67×10²km²、位于河流下游的塔克拉玛干沙漠和库姆塔格沙漠逐渐合拢等一系列生态环境恶化问题。为了遏制生态问题的进一步恶化，针对生态环境保护提出了生态水权的概念，旨在通过生态水权的明确界定，确保维持生态系统稳定和保持良性生态平衡的最小需水量，以缓解和改善水资源稀缺条件下生态环境的恶化，最终达到保护生态环境的目的（Papacostas，2014）。

生态水权除具有水权的一般特征之外还具有不可交易性和迟滞性。不可交易性是指不能对生态水权进行交易，从保护环境的目的出发，不能以环境为代价进行生态水权的交易。迟滞性是指生态水权造成的影响可能在短时间内显现不出来，而在一段时间之后才表现出来，这些影响一旦产生对环境造成的后果就会很严重，需要付出很大的努力才能恢复。

以上5种水权类型可以认为是水权的最基本的元类型，并适用于公有、私有的不同情况。

3.4　水权元类型与单元水权制度类型以及复合水权系统的关系

在这里，所谓的水权元类型是指真实世界中，现实的、复杂的水权制度的最基本组成元素。而水权单元，是指由水权元类型组成、最小但独立而完整的水权空间单元。水权元类型类似于组成物质的原子，而水权单元类似于分子。水权单元可以由一种元类型构成也可以由多种元类型构成。

水权单元制度类型主要包括四种类型，即河岸权制度、优先占用权制度、轮水权制度以及水量比例水权制度。河岸权制度由河岸权元类型构成，优先占用权制度由优先权元类型构成，轮水权制度由轮水权元类型构成。水量比例水权制度可以由社会需求水权元类型构成，也可以由社会需求水权和生态水权共同构成，还可以由河岸权和优先权转化而来。例如，中国黄河流域的“87分水方案”，将黄河流域可利用水量按照1980年的实际需水量以及2000年的预测需水量在沿黄9个省以及河北省、天津市按比例分配，是以对水资源的需求为依据。黑河流域的分水方案，除了考虑沿岸各县市的人类社会发展水需求，还考虑了对居沿海的生态保护需求。此外，水量比例水权制度还包括通过达成协议对水量在不同国家间的合理分配，而协议的达成则依据历史传统、现实的水需求、生态保护等多种水权元类型。例如，尼罗河的分水协议，1929年，在当时的英国殖民者提议下，9个尼罗河流域国家达成了一项赋予埃及和苏丹对尼罗河水有优先使用权的协议，埃塞俄比亚没有加入这项协议。1959年，将这项协议改为埃及每年享有$555\times10^8m^3$水的尼罗河水，苏丹分到$185\times10^8m^3$水。埃塞俄比亚也开始要求分水。直到2010年5月14日，埃塞尔比耶、乌干达、坦桑尼亚和卢旺达在1999年“尼罗河盆地倡议”基础上签署了旨在公平合理利用尼罗河水的“尼罗河合作协议框架”，19日，肯尼亚也签署了该协议，布隆迪和刚果也加入了协议，通过协议规定沿河各国平等地利用尼罗河的水资源。在尼罗河流域也形成了水量比例水权制度。这一制度是由最初的优先权制度和河岸权制度转变而来的，最初以时间先后为赋权依据，保证了埃及和苏丹的用水权，又以河边土地空间位置为依据，河流沿岸国家均可以使用水资源，最后发展为流域内各国按需求平均分水的水量比例水权。

生态水权元类型不能单独作为一种水权制度存在。另外，流域的轮水权制度比较粗放，例如黑河流域灌区的均水制是附属于水量比例水权制度的。浙江萧山湘湖在宋代时就出现了灌区轮水制度，直到民国时期废除了放水的时刻限制。现阶段已经很少有轮水权制度独立作为一个流域的水权制度的实例。因此，主要的水权单元制度类型包括河岸权制度、优先占用权制度以及水量比例水权制度。

河岸权制度起源于英国的普通法和拿破仑法典，它是根据河岸土地的空间位置获得水权的制度形式。水权与河岸土地的所有权相联系，河岸土地所有者有使用流经其土地的水资源的权利，只要对水资源的使用符合“合理利用”的原则。“合理利用”原则中最根本的原则就是不对老用水户的用水权造成影响，而其他的具体原则则根据实际的情况而定，包括用水目的、用水方式等。

优先占用权制度起源于美国西部干旱地区，早在犹他州先驱者盎格鲁—撒克逊人进行大面积灌溉时就形成了“谁先使用水资源，谁就比后来者有优先权继续使用这部分水资源”的原则。之后随着加州“淘金潮”的发展，矿主为了“与河流不相邻的矿区获得水资源”，优先占用原则逐渐发展起来。最终随着法院对优先占用原则的逐渐认可，优先占用制度最终建立起来。在这种制度下，在时间上优先占用水资源者拥有优先使用的权利，只要其对水资源的利用符合“有益利用”的原则。

水量比例水权制度是指按照一定的比例或定量的份额获得水权，水资源总量依据一定的需求按比例分配，其分配的依据既可以是依据现实的水资源需求，包括人类对水资源的需求、生态环境对水资源的需求等，也可以根据制定的有效的协议需求，对水资源量进行比例分配。

轮水权制度在宋代就已经出现，由顾冲提出，按地势高低决定从高到低的放水先后顺序，每个口门规定放水时间，并规定每个口门的宽度和深浅。实质是以水量按面积均分为基础的轮水制度。黑河流域也存在“均水制”。为了解决黑河流域的水事纠纷，由年羹尧提出，灌区内不同位置的用户在规定的时间内轮流用水。到了20世纪60年代演变为一年两次均水，这种方式在甘肃省境内依然存在。但是它对水资源的使用没有考虑到对生态环境的影响，造成了流域下游生态环境的恶化。出于对生态环境的保护，开始实行水量分配取代了原来的均水制度。

现实中的水权制度系统往往是由多种水权单元制度构成的复合系统，是多种水权单元制度的组合。一种形式是不同区域实行不同的水权制度类型，例如，美国东部实行河岸权制度，西部实行优先占用权制度。另一种形式是大流域内部水权系统可以是嵌套的关系。例如，美国的科罗拉多河流域，在整个流域层次上实行水量比例水权制度，子流域内部则实行优先占用权制度。

综上所述，水权元类型、水权单元以及实际复合水权制度系统类似于原子—分子—系统的关系。由水权元类型构成了水权单元，再由水权单元组成了水权制度复合系统。

3.5　本章小结

本小节与一般的水权分类研究最大的不同之处在于，它根据产权经济学理论，基于赋权理论，在总结人类历史上水资源赋权历史事实的基础上，系统总结了将公共的或无主的水资源分配给具体的使用者的水权赋权依据，并根据水权赋权依据对水权的最基本类型进行了分类。通过研究，水权赋权的具体依据与划分的水权元类型如下：

（1）水权赋权最基本的原则是公平与正义原则、合理利用原则和可持续发展原则。

（2）水权赋权的具体依据可以归结为五种，即以空间邻近性为依据、以时间先后为依据、以空间和时间相结合为依据、以社会水资源需求为依据以及以生态保护为依据。

（3）根据水权赋权的具体依据，可将水权相应地分为五个元类型，即河岸权、优先占用权、轮水权、社会需求水权以及生态水权。

（4）四种水权单元制度类型包括：河岸权制度、优先占用权制度、轮水权制度以及水量比例水权制度。复合的水权制度系统可以是多种水权制度的并列组合，也可能是嵌套关系。

第 4 章　不同水权制度适用条件研究

各种制度的选择都受到许多条件的限制和诸如历史、地理、文化等条件的影响。为了实现同一目标可以采用不同形式的制度，但是所选择的制度类型受到历史环境的限制，因此，每一种制度都有一定的适用条件。即使最优越的制度也不是放诸四海而皆准的。在判定一个区域的最优的、最合适的制度时，必须考虑制度带来的效用以及维持制度所需花费的成本。最优的制度是为了实现相同目的花费成本最少的制度（Lin，2008）。对于水权制度也是如此。每一种单元水权制度类型（简称为水权制度类型）——河岸权制度、优先占用权制度以及水量比例水权制度，也是与一定的自然条件和历史背景相联系的。本节对河岸权制度、优先占用权制度以及水量比例水权制度这三种主要的单元水权制度类型的适用条件进行研究，对影响水权制度的主要客观条件进行分析，探讨这三种主要的水权制度类型的适用条件。

4.1　研究单元的确定

本研究通过搜集主要水权制度类型——河岸权制度、优先占用权制度、水量比例水权制度的特定案例以及数据，分析相应的客观影响因素，包括多年平均降水量、流域面积、径流模数、人均水资源量以及水资源开发利用率的阈值，即最大值和最小值。通过这些阈值进而确定每种水权制度的适用条件。

首先，要确定主要水权制度类型——河岸权制度、优先占用权制度以及水量比例水权制度的研究单元，即实际存在的水权单元。由研究单元构成了每一种水权制度的研究样本。对于每一种水权制度，研究单元意味着一个流域或是子流域，而这种水权制度处于这个流域或子流域的水权制度复合系统的顶级。对于河岸权和水量比例水权，研究单元可以是一个单一的流域，也可以是一个子流域。然而，对于优先权，研究单元必须是实行优先权的最低级的流域或子流域，意味着研究单元内的所有的水权都在同一个优先日期列表内。通过这种方法确定出每种水权制度的研究单元。

其次，基于经验和信息搜寻，选择一些主要的研究单元，并收集各客观影响因素的数据，分析这些指标值的最大值和最小值。然后根据阈值边界搜索法，再次搜寻是否还存在可能的研究单元，其影响因素值比已经找到的样本的影响因素的最大值还要大或是比最小值还要小。重复这个过程直到没有此种研究单元存在。这些样本最终的最大值和最小值被看作是每个影响因素的阈值。

通过搜寻和检查，选择的研究单元如下：

1. 河岸权研究样本

选定的河岸权研究单元包括欧洲西部各流域和美国东部各流域。这些地区是实行河岸权的典型区域，它们均有充足的降水。根据降雨的分配，欧洲西部实行河岸权的区域，其多年平均降雨量的最小值为700mm，美国东部为1000mm。水资源是充足的而且几乎不存在水资源冲突。然而水资源开发利用率都很低，欧洲西部水资源开发利用率大约为18%（Conchita and Concha，2003）。这些地区采用单一的河岸权制度来管理水资源。

2. 优先权研究样本

选定的优先权研究单元包括犹他州的15个流域、内华达州的232个水文流域以及美国西部实行优先权的其他地区。犹他州是优先原则的诞生地而且有完整的、详细的优先权体系。犹他州从整体上分成了15个流域，每个流域分别对水权进行管理。各流域内的水权依据“谁先获得水资源谁就优先获得水资源的使用权”原则进行排序，形成了时间上水权相对“优先”和“滞后”的先后顺序。因此，州内每个流域是水权制度最基本的研究单元，内华达州也是如此。内华达州是美国西部最干旱的州，多年平均降水量仅为270mm，水资源非常短缺。内华达州被分成了232个水文流域，这些水文流域就是最基本的研究单元。

3. 水量比例水权的研究样本

选定的水量比例水权研究单元包括中国的黄河流域、黑河流域、石羊河流域以及塔里木河流域，美国的阿肯色河流域，美国和墨西哥之间的科罗拉多河流域以及格兰德河流域。

黄河流域、黑河流域、石羊河流域和塔里木河流域均是通过制定水量分配方案在行政区域间进行水资源配置。值得注意的是，中国的水量分配并不是基于产权意义上的真正的水权，水量分配的指标限定了可利用的水资源量。分配到的水资源在特定的情况下可以进行交易，从这个意义上来看已经具有了水权的意义，因此，中国的水量配置可以看作是准水权。

黄河流域“87 分水方案”是中国大江大河首个水量分配方案。它是中国水量比例水权的开端。在黑河和石羊河流域同样存在水量分配方案，通过制定水量分配方案实现了水资源在行政区域间的分配。塔里木河流域，除了一小部分在吉尔吉斯斯坦和塔吉克斯坦境内，大部分在新疆维吾尔自治区。塔里木河流域制定了“四源一干水量分配方案”，将水资源在塔里木干流、阿克苏河流域、和田河流域、叶尔羌河流域以及开都—孔雀河流域之间进行分配。

科罗拉多河流域位于美国的西南部，依据水量比例水权实现水资源在流域上下游之间以及上、下游各部分的州之间的按比例配置。1922 年，美国 7 个州签订了“科罗拉多协议”，将科罗拉多河分成了上下游两部分，每一部分平等地获得 92.5 亿 m^3 水资源量，每一部分各自负责分配各自获得的水资源量。1928 年，美国联邦政府博尔德峡谷工程，将下游获得的 92.5 亿 m^3 水资源量在各州间进行按比例分配，分配的主要依据是按照各州的面积比例，此外，亚利桑那可以另外得到每年多余水量的 50%。1944 年，美国和墨西哥签订了《美墨关于利用科罗拉多河的协议》，协议规定美国每年应向墨西哥供应 18.5 亿 m^3 科罗拉多河的水资源量。而且在水资源供不应求的情况下，科罗拉多河下游地区可以多获得 12.3 亿 m^3 水资源（Bureau of Reclamation，2010）。1948 年，在保证了亚利桑那首先分得 0.62 亿 m^3 水量后，科罗拉多河上游部分将剩余的水资源在州间进行分配，科罗拉多州、新墨西哥州、犹他州和怀俄明州分别分配每年剩余水量的 51.75%、11.25%、23.00% 和

14.00%。实际分配到州的水资源量根据水资源丰枯状况按比例增加或减少（Bureau of Reclamation，1948）。

阿肯色河是密西西比河的主要支流。1902 年，堪萨斯州和科罗拉多州提出了“州间契约”，直到 1949 年契约才得到国会的批准。契约规定科罗拉多州和堪萨斯州平等地享有阿肯色河的水资源（ARCA，1949）。1965 年，签订了“堪萨斯和俄克拉荷马阿肯色河流域契约”，将阿肯色河流域分成了 4 个子流域并明确地规定了在堪萨斯州和俄克拉荷马州内每个子流域分到的水资源量（United States Congress，1965）。因此，依据“州间契约”实现了阿肯色河水资源在州间的配置。

格兰德河流经美国和墨西哥。在水资源委员会的管理下（IBWC），美国和墨西哥签订了一系列的有关格兰德河水资源分配的协议。最具影响力的两个协议是分别于 1906 年和 1944 年签订的协议。1906 年，美国和墨西哥签订了“格兰德河水资源协议”，协议规定美国每年必须通过马德里沟渠向墨西哥供应 740 万 m^3 水资源，并且每个月按比例供给（IBWC，1906）。1944 年协议对美墨之间的水资源配置做了更为详细的规定，将水资源在河流的不同部分按比例分配（IBWC，1944）。1939 年，美国的科罗拉多州、新墨西哥州以及得克萨斯州签订了“格兰德契约”，契约中对美国从格兰德河分到的水资源量在州间进行了配置（United States Congress，1939）。

4.2 结果和阈值分析

通过收集上述样本的各影响因素的数据，并对数据进行统计分析，确定了每个影响因素的阈值。本节数据主要来源于相关州、省、市等水资源管理机构网站以及水资源公报、年鉴等，包括内华达水资源管理处网站、犹他州水资源管理处网站、中国水资源及其开发利用调查评价报告（水利部水利水电规划设计总院，2008）、2011 年统计年鉴等。对数据分析结果如下。

4.2.1　多年平均降水量统计分析

对所有研究样本的多年平均降水量进行统计分析，分析结果如图4－1所示。

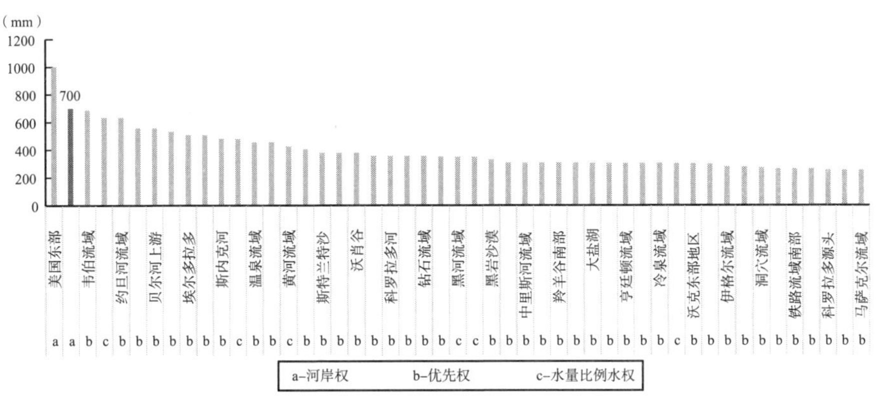

图4－1　各流域多年平均降水量

从图4－1中可以看出，实行河岸权制度的流域中，年平均降水量的最小值为700mm，也就是说在这些流域中，多年平均降水量均大于700mm。实行优先权和水量比例水权制度的流域中，最大降水量为686mm，意味着在这些流域内，多年平均降水量均小于686mm。因此，多年平均降水量对于河岸权制度有最小阈值限制。河岸权适用于降雨丰富的流域，这些流域的多年平均降水量必须大于700mm。如果降水量小于700mm，水资源则不足以满足一些所有者的河岸权，因此，此时河岸权制度是不可行的、不适合的。当降水量小于700mm时，不适宜采用河岸权，而需要考虑实行水量比例水权制度和优先权制度。

4.2.2　流域面积统计分析

对所有流域的流域面积数据进行统计分析，分析结果如图4－2所示。

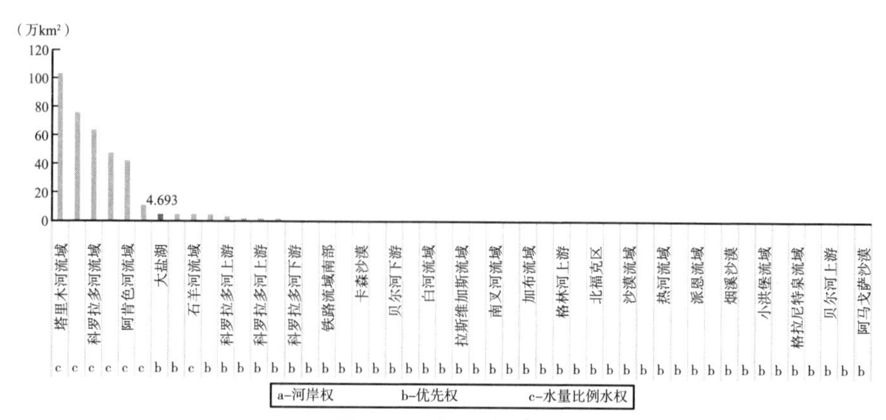

图 4-2　各流域面积

根据统计结果，实行优先权制度的流域面积最大值为 46930km²，也就是说实行优先权制度的流域，其面积均小于 46930km²。因此，流域面积对优先权制度有阈值限制，实行优先权的流域，其面积必须小于 46930km²。对于大流域，优先权制度是不适用的。因为在大流域很难对水资源使用的先后顺序进行统一排序，而且很难同时对所有的水权进行有效管理。

4.2.3　径流模数统计分析

对所有流域的径流模数数据进行统计分析，结果如图 4-3 所示。

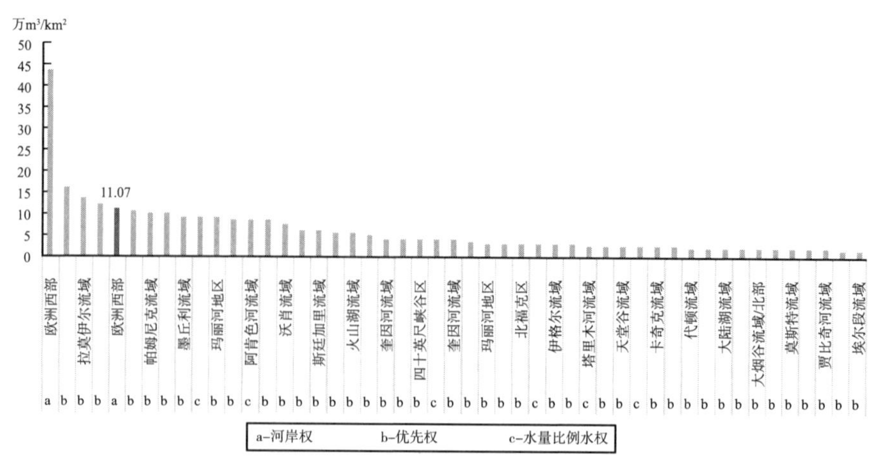

图 4-3　各流域径流模数

如图4－3所示，实行河岸权制度的流域中，径流模数的最小值为 $11.07\times10^4m^3/km^2$，即在实行河岸权制度的流域中，径流模数均大于 $11.07\times10^4m^3/km^2$。因此，径流模数对河岸权制度有阈值限制，实行河岸权的流域，其径流模数必须大于 $11.07\times10^4m^3/km^2$。当流域的径流模数大于 $11.07\times10^4m^3/km^2$，说明水资源很丰富，此时，河岸权也许是适合的。

4.2.4　人均水资源量统计分析

对所有流域的人均水资源量数据进行统计分析，分析结果如图4－4所示。

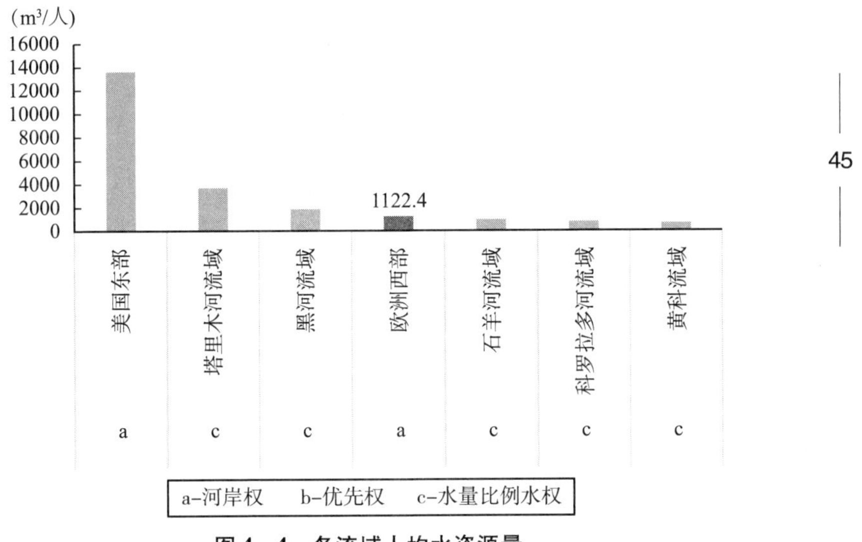

图4－4　各流域人均水资源量

从图4－4中可以看出，实行河岸权制度的流域的人均水资源量的最小值是 $1122.4m^3/$人，也就是说实行河岸权制度的流域人均水资源量均大于 $1122.4m^3/$人。人均水资源量对河岸权制度有阈值限制，河岸权制度适用于人均水资源量大于 $1122.4m^3/$人的水资源丰富的地区。

4.2.5 水资源开发利用率统计分析

对所有流域的水资源开发利用率进行统计分析，结果如图 4－5 所示。

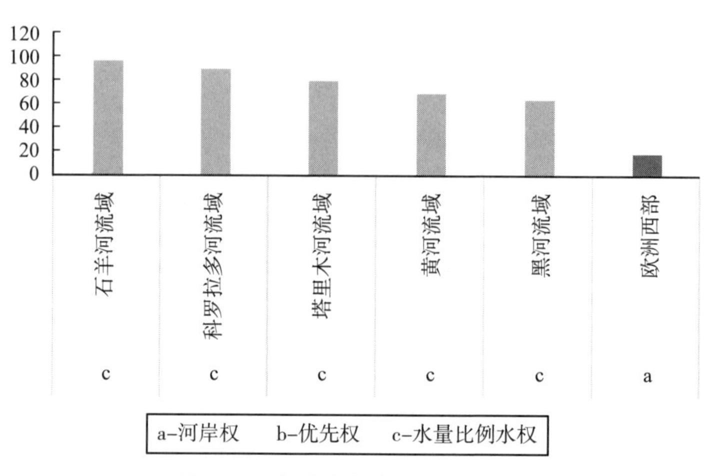

图 4－5 各流域水资源开发利用率

实行河岸权制度的欧洲西部地区的 WUR 为 18%，在所有的研究样本中，其水资源开发利用率最低。WUR 对河岸权制度有阈值限制。参照相关文献，区分水资源有压力地区和无压力地区的 WUR 阈值可以设为 20%（Alcamo，Henrichs and Roesch，2000）。因此，本书将 WUR 对河岸权制度的阈值设为 20%，这一阈值是合理的。也就是说河岸权适用于 WUR 低于 20% 的地区。

通过上述分析，各影响因素的阈值以及每一种水权制度的适用条件可以总结如下：

（1）多年平均降水量、径流模数、人均水资源量对河岸权制度有最小阈值限制，WUR 对河岸权制度有最大阈值限制。流域面积对于优先占用权有最大阈值限制。

（2）河岸权制度适用于水资源丰富的地区。在这些地区，多年平均降水量必须大于 700mm，径流模数大于 $11.07 \times 10^4 m^3/km^2$，人均水资源量大于 $1122.4m^3$/人，而 WUR 小于 20%。流域面积不是河岸权的限制性因素。这些条件是实行河岸权制度的必要条件，但不是充分条件。也就是说要实行河岸权制度必须满足这些条件，但是满足这些条件的流域可以采取河岸权制度，也可以采取优先权或水量比例水权制度。例如中国的南方地区也存在满足河岸权适用条件的流域，但是由于历史原因，中国实行的则是水量比例水权制度。

（3）当水资源不充足，不能满足实行河岸权的必要条件时，即多年平均降水量小于700mm，径流模数小于$11.07\times10^4m^3/km^2$，人均水资源量小于$1122.4m^3$/人，WUR 高于20%时，河岸权制度不再适用，则应当实行水量比例水权制度或优先权制度。

（4）要实行优先权制度，其流域面积必须小于$46930km^2$，对于大面积流域优先权是不适用的。而对于水量比例水权制度，流域面积没有阈值限制。

4.3 本章小结

本研究分析了河岸权、优先占用权以及水量比例水权的适用条件。通过建立每种单元水权制度的样本，收集水权制度影响因素的数据，包括多年平均降水量、流域面积、径流模数、人均水资源量以及水资源开发利用率，对这些影响因素的数据进行统计分析并确定出每种影响因素的阈值，然后分析每种单元水权制度的适用条件。通过研究，三种单元水权制度的适用条件如下：

（1）河岸权适用于水资源丰富的地区。在这些区域必须满足多年平均降水量大于700mm，径流模数大于$28.4\times10^4m^3/km^2$，人均水资源量大于$1122.4m^3$/人，而水资源开发利用率低于20%。这是实行河岸权制度的必要条件。

（2）当水资源稀缺时，即不满足河岸权适用条件时，可以实行水量比例水权制度和优先占用权制度。而实行优先权制度的必要条件是其流域面积必须小于$46930km^2$。

第5章　典型国家水权制度形成和演化历史

国家的水权制度往往是复合的系统，由多种水权制度组合而成。在对元类型、单元水权制度类型研究之后，再上升到国家的层次，对国家复合水权系统进行研究。每个国家都有其独特的水资源条件以及社会背景，在特定的条件下选择了不同的水权制度组合。本章选取中国、美国和澳大利亚作为典型国家，对这些国家的水权制度形式、形成原因和发展过程进行分析，是由于这些国家水权制度的发展具有代表性。中国在公有体制下，为了加强对水资源管理以及生态保护的需要，开始制定水量分配方案对水权进行配置。此外，均水制也保留下来并不断发生变化。水权制度处于改革探索时期。美国的水权制度形式较为复杂，多种水权制度共存。东部水资源丰富，实行河岸权，虽然河岸权起源于英国的普通法，但是却在美国得到了进一步的发展。西部水资源稀缺，是优先占用权的发源地，而且随着历史的发展，形成了多种水权制度混合的形式，水权制度较为复杂，其水权制度发展的历史过程具有一定的代表性和研究价值。澳大利亚水权制度处于改革探索中，最早也是实行河岸权，但是随着水资源状况的不断变化，水权制度也不断发生变化，形成了最终的水量比例水权制度，同时河岸权也保留了下来，但是受到了很大限制，是近期的水权变革者。因此选这三个国家作为典型国家，对其水权制度进行分析。通过研究三个国家水权制度形成和发展过程，分析不同水权制度形成的背景、发展的原因以及最终状态。对典型国家水权制度形成、发展以及特征研究，为下文对典型国家水权制度的比较研究奠定基础。同时也可以为其他国家水权制度的制定和完善提供参考。

5.1　中国水权制度发展历程

5.1.1　水量比例水权制度的发展

1. 中华人民共和国成立之后到改革开放之前（1949～1977年）

中国的水权制度以水资源国家所有为主要特征。1949年11月，水利部在各解放区水利联席会议的总结报告中提出了“所有河流湖泊均为国家资源、为人民公有，应由水利部各级水利行政机关统一管理”。1950年颁布了《土地改革法》，其中明确规定，“大水利工程、大荒地、大荒山……湖、沼……均归国家所有，由人民政府管理经营之”，同时规定水利工程“原由私人经营者，仍由原经营者按照人民政府颁布之法令继续经营之”，对私人水利工程保留了其私有权。随后进行的社会主义改造，政府通过赎买政策改造工商业，私人所有的水利工程在这一阶段完成了改造。1956年开始的农村合作化运动完成了农村水利工程的公有化。1961年，中央批转农业部和水利电力部《关于加强水利管理工作的十条意见》，进一步从管理体制上明确了水利产权公有性质。1983年4月水利电力部颁布的《水利水电工程管理条例》中规定，国家投资兴建的水利、水电工程，属于全民所有，由国家管理，有的也可以委托集体代管。民办公助或社、队自筹资金修建的水利、水电工程，属社、队集体所有，由集体管理，有的也可根据需要由国家管理。

在这一阶段，中国并没有制定水资源管理相关的法律规定，缺乏正式的水权制度安排。水资源的所有权和使用权高度统一，水资源由国家无偿调拨。在相当长的时期内，缺乏对取水、用水和排水的管理，只要水利工程或其他需要取水的项目得到国家的批准，水利工程就可以无条件的取水、用水和排水。水资源的使用一方面依靠水利工程分配，另一方面根据历史传统习俗等非正式制度的安排。水资源使用的这一状态最主要的原因是当时的用水量还不大，水污染也不严重，水资源供需矛盾尚不突出，因此，对水资源的使用缺乏正式的管理。

2. 改革开放之后到20世纪末（1978～2000年）

1978年以来，随着社会经济的飞速发展，水资源的开发利用量越来越大，水资源供需矛盾越来越突出，水资源变得越来越稀缺。为了缓解供需矛盾，中国部分地区开始探索水资源使用的有效管理方法。

1982年，山西省省政府发布了《山西省水资源管理条例》，其中规定："凡需开发利用水资源的单位，需按其取水量和水源位置，向当地水资源主管部门提出申请。按照国家基本建设程序和有关规定，凡需进行水资源勘探和详查的工程，需先向水资源主管部门申请，领取勘探许可证。具有勘探报告、水源工程设计和用水方案后，经本部门主管单位审查，报当地水资源主管部门批准，领取开发和使用许可证。现有水源工程和用水计划，均须限期履行补批手续。"这是中国历史上第一次提出取水许可方面的制度，开创了我国取水许可制度的先河。

20世纪70年代，由于水资源的过度利用，黄河流域开始出现断流。因此迫切需要从流域层次上对水资源的使用进行管理。1983年，原国家计委开始着手做黄河流域的水资源统一规划工作，并组织沿黄各省商量黄河流域的水量分配工作。1987年3月，国务院向沿黄11个省（自治区、直辖市）批转了黄河可供水量分配方案。通过水量分配方案将黄河流域地表径流量在扣除冲沙、生态、损失之后的可利用水量在沿黄的9个省（自治区）以及流域外的河北省、天津市之间进行分配。黄河流域水量分配方案的制定是中国水量比例水权的开端。

1988年，中国正式颁布并实施了《中华人民共和国水法》（以下简称《水法》）。《水法》（1988）对水资源的所有权、使用权等进行了明确的规定。《水法》（1998）第三条规定，"水资源属于国家所有，即全民所有，农业集体经济组织所有的水塘、水库中的水，属于集体所有。国家保护依法开发利用水资源的单位和个人的合法权益"。明确了水资源的属性，属于国家所有。第三十一条对取水许可制度进行了明确规定，"国家对直接从地下或者江河、湖泊取水的，实行取水许可制度。为家庭生活、禽畜饮用取水和其他少量饮水的，不需要申请取水许可"。它表明水资源的所有权、使用权和取水权是分离的。第十四条对用水的优先顺序作了明确规定，"开发利用水资源，应当首先满足城乡居民生活用水、统筹兼顾农业、工业用水和航运需要"。《水法》（1988）中初步对水资源的规划和配置进行了安排。其中第三十条规定，“全国和跨省、自治区、直辖市的区域水长期供求规划，由国务院水行政主管部门会同相关部门制定，报国务院计划主管部门审批。地方的水长期供求计划，由县级以上地方人民政府水行政主管部门会同有关部门依据上一级人民政府主管部门制定的水长期供求计划和本地区实际情况制定，报同级人民政府主管部门审批”。第三十一条规定，“跨行政区的水量分配方案，由上一级人民政府水行政主管部门征求有关地方人民政府的意见后制定，报统计人民政府批准后执行”。此外，《水法》（1988）对取水许可制度以及水资源费的收缴制度做了详细规定。第三十二条规定，“国家对直接从地下或者江河、湖泊取水的，实行取水许可制度。为家庭生活、畜禽饮用取水和其他少量取水的，不需要申请取水许可”。第三十四条规定，“使用供水工程供应的水，应当按照规定向供水单位缴纳水费。直接从地下或江河、湖泊取水的，可以由省、自治区、直辖市人民政府决定征收水资源费”。《水法》（1988）对解决水资源地区之间、单位之间以及个人之间的水资源冲突做了规定，并制定了相应的处罚措施，但是缺少保证这些措施实施的强制性手段。

1993 年，国务院颁布并实施了《取水许可制度实施办法》，它是中国第一部正式的取水许可制度安排，使得取水管理有了独立于工程管理的地位，有了具体的法律依据。在此制度下，水资源的使用权可以进一步分配到微观用水者手中。至此，中国建立了完整的水法律法规体系。在这一阶段，水量分配方案的提出、完整的水资源法律法规的建立，标志着中国水量水权制度的初步建立。

3. 2000 年至今

《水法》（1988）以及《取水许可制度实施办法》（1993）颁布实施后，中国逐渐建立了行政配置和计划用水体系，取水权的出现标志着水资源所有权和使用权开始分离，但是依赖于行政分配的取水权的产权性质模糊并且是不能转让的。随着水资源作为经济物品意识的逐步上升，水资源竞争的日益激烈，以及市场经济改革的深入，客观上水资源管理体制也逐渐发生改革，要求明确规定地区、集体以及用户的用水权利，这种形式推动了水资源所有权和使用权的分离，即国家拥有水资源的所有权，将水资源的使用权分给用户，既保证了国家对水资源的政治权利，又保证了用户对水资源合法的用水权益。

2002 年对《水法》（1988）进行了修订，首次正式提出了取水权，按照总量控制和定额管理原则，基于取水许可制度和有偿使用制度，加强了对水资源的管理。2005 年水利部发布了《水权制度建设框架》，强调了水权制度的重要性，要结合实际逐步开展水权制度建设和改革，建立符合我国社会情况和水资源状况的水权制度体系。同时还发布了《关于水权转让的若干意见》，对水权转让进行了规范，推动了水权制度的改革。2006 年，国务院颁布了《取水许可和水资源费征收管理条例》，从内容和程序方面完善了取水许可制度。2008 年颁布并实施了《水量分配暂行办法》，首次对水权初始配置中的核心问题——水量的配置做出了比较全面的规定。

《水量分配暂行办法》指出，所谓水量分配是指对水资源的可利用量或可分配的水量向行政区域进行逐级分配，确定行政区生活、生产可消耗的水量份额或者取用水量份额。跨省、自治区、直辖市的水量分配是指以流域为单元向省、自治区、直辖市进行水量分配。省、自治区、直辖市以下的水量分配是指以省、自治区、直辖市为单元，向下一级行政区进行水量分配。通过水量分配，国家水资源的使用权可以逐级分配到省（自治区、直辖市）、县（市、区、旗）、灌区和城镇。这表明中国初始水权分配制度已经基本建立起来，实现了水资源在行政区域间的逐级分配。自此，中国的比例水量水权制度已经完全建立起来。

5.1.2 均水制的发展

除了中国实行的水量比例水权制度，在黑河流域还存在一种水权制度，即轮水权，也称均水制。

黑河流域中下游地区非常干旱，区域水资源难以满足当地的经济发展需要，历史上水事矛盾相当突出。为了解决日益突出的水事纠纷，清朝雍正四年（1726 年），陕甘总督年羹尧提出了“均水制”：“每年芒种前十日寅时起，至芒种之日卯时止，高台上游镇江渠以上十八渠一律封闭，所均之水前七日浇镇夷五堡地亩，后三天浇毛、双二屯地亩。”也就是说，芒种前十天，关闭上游端口，给下游的高台和鼎新灌区供水，前七天给高台地区供水，后三天给鼎新灌区供水，上下游不同地区在不同的时间轮流用水，形成了轮水制度。1949 年新中国成立以后，在“旧均水制”的基础上，经过五次调整，到 20 世纪 60 年代形成了一年两次的均水制度。规定在哪段时间给哪些地区供水。到了 20 世纪 80 年代，在“人多力量大”以及“以粮为纲”的政策号召下，使得黑河流域中下游地区人口急剧增长，耕地大幅度增长，用水量急剧增加，导致下游地区尤其是内蒙古自治区额济纳旗的水量锐减，省际用水矛盾更加突出。此外，水资源的过度开发还导致了下游生态环境的恶化。黑河流域下游断流时间由 20 世纪 50 年代的约 100 天延长到 90 年代的近 200 天，西居延海和东居延海海水面积在 20 世纪 50 年代分别为 267km^2 和 35km^2，分别于 1961 年和 1992 年干涸。为了解决日益严重的省（区）际水资源矛盾，自 20 世纪 60 年代以来，内蒙古自治区开始提出黑河的分水问题，中央有关部委也做了大量的工作，但是依然没有结果。在甘肃境内依然实行“均水制”，但是此时的均水制没有考虑到生态环境对水资源的需求，水资源的过度开发利用造成了生态环境的严重恶化。

1992 年，水利部以及相关单位通过了《黑河干流（含梨园河）水利规划报告》，提出了水资源分配方案审查意见。同年 12 月，国家计委批复了审查意见，集体的水资源分配方案的内容是：“在近期，当莺落峡多年平均河川径流量为 15.8 亿 m^3 时，正义峡下泄水量 9.5 亿 m^3，其中分配给鼎新毛水量 0.9 亿 m^3，东风场毛水量 0.6 亿 m^3。远期要采取多种节水设施，力争正义峡下泄 10 亿 m^3。”

但是“1992 年分水方案”并未得到执行，于是黄河流域委员会在 1997 年又提出“1997 年分水方案”。主要内容指：在莺落峡多年平均来水 15.8 亿 m^3 时，分配正义峡下泄水量 10.9 亿 m^3；在枯水年莺落峡 25% 保证率来水 14.2 亿 m^3 时，正义峡下泄水量 7.6 亿 m^3；莺落峡 90% 保证率来水 12.9 亿 m^3 时，正义峡下泄水量 7.6 亿 m^3。此分水方案也未得到实施。

在两个分水方案均未得到实施的情况下，2000 年，黑河流域管理局编制了《1999－2000 年度黑河干流水量实施调度预案》《黑河干流水量调度管理办法》和《黑河干流省际用水水事协调规约》等文件，2000 年 6 月中旬，水利部批准了上述文件。“2000 年分水方案”总体上依照“1997 年分水方案”，但是根据 2000 年的具体情况作了调整，其具体内容为：“当莺落峡多年平均河川径流量为 15.8 亿 m^3 时，正义峡下泄水量 8.0 亿 m^3。”同时，增加了强有力的配套机制，明确了调度原则、调度权限、用水监督、协调机构和协调机制等。

2000 年 6 月 19 日至 10 月 20 日，黑河流域管理局接连召开了五次工作会议。黑河干流从 8 月 21 日起连续五次成功实施“全线闭口，集中下泄”，累计向下游集中调水 33 天，截至 11 月 19 日，正义峡总下泄量 6.5 亿 m^3，达到该年度莺落峡来水 14.62 亿 m^3 的对应分水量，圆满完成 2000 年分水任务，在千百年历史上首次实现了跨省区分水。

至此，黑河流域完成了由“旧均水制”向“新均水制”的转变。在旧均水制体制下，没有考虑生态用水的需要，生态用水被大量挤占，造成了严重的生态危机。为了应对严重的水事纠纷以及考虑到生态保护的需要，将水量在上下游之间进行配置，在一定时间关闭上游端口向下游集中供水，保证下游水资源的供给量。“新均水制”实际上也是一种水量分配制度，不同于比例分配，在考虑生产生活用水的同时，考虑到生态环境的用水需求，在一定时间关闭上游用水对下游集中供水，保证下游能够得到正常的供水量，上下游在不同时间轮流用水的水权制度。通过水量配置实现了水资源的省际分配，均衡了上下游之间的利益，最为重要的是实现了对生态环境的保护。

5.2 美国水权制度的发展特征

5.2.1 美国领土的扩张

1776 年北美 13 个殖民地宣布脱离英国独立，此时，美国只有太平洋沿岸的 13 个州。1783 年从英国手中夺得大西洋沿岸的大部分地区，1789 年，美国联邦成立，当时美国的领土达 230 万 km^2，约占现在美国本土面积的 30%。这部分地区原来均属于英国的统治。

1800 年，法国从西班牙手中夺得了路易斯安那地区，1803 年，美国从法国手中购入路易斯安那地区。1819 年，从西班牙手中买走佛罗里达。1845～1848 年从墨西哥手中夺取了得克萨斯地区、加利福尼亚、新墨西哥，1846 年从英国手中夺得了俄勒冈地区，逐步完成了领土的扩张。根据美国领土的扩张过程，当时美国主要地区在被并入美国领土之前所属的国家如表5－1所示。

表5－1 美国领土扩张过程

现今位置	主要地区	所属国家	被美国并入的时间	范围
今美国东部	大西洋东部地区	英国	1783年	东部建国13州以及密西西比河以东与阿巴拉契亚山之间的州
今美国中西部	路易斯安那地区	西班牙（1800年以前）法国（1800年以后）	1803年	密西西比河以西与落基山脉之间的州
今美国东部	佛罗里达	西班牙	1819年	佛罗里达
今美国西南部	得克萨斯地区、加利福尼亚、新墨西哥地区	墨西哥（1810年以前为西班牙西属的墨西哥殖民地）	1845～1848年	得克萨斯、内华达、犹他、科罗拉多、新墨西哥、亚利桑那、加利福尼亚
今美国西北部	西北部俄勒冈地区	英国	1846年	俄勒冈以北

美国的中西部，即落基山脉与密西西比河之间的地区，早期为西班牙的殖民地，1800年被法国夺得，1803年又被美国获得。

1848年，美国从墨西哥手中夺得了其北部地区，也就是现在的西南部地区，主要包括得克萨斯、新墨西哥、亚利桑那、犹他、内华达、加利福尼亚以及科罗拉多和怀俄明的部分地区。这些地区原本是属于西班牙的领土，在1821年从西班牙独立出来。

美国水权制度的发展过程与其国土的扩张过程是有一定联系的。美国国土的扩张基本上经历了从东部建国十三州逐渐向西扩张的过程。水权制度首先在美国东部形成并发展起来，随着国土的扩张以及自然、社会条件影响，水权制度在整个国家范围内逐渐建立起来。由于不同地区早期殖民者的不同，受各自殖民者历史文化的影响，其形成的水权制度也不尽相同。本节主要对美国水权制度发展的空间规律和历史过程进行分析。

5.2.2 美国东部河岸权制度发展历程

1. 早期的河岸原则

美国东部降水充足，水资源丰富，水权制度首先在这里发展起来。河岸权原则起源于英国的普通法和拿破仑法典。1804 年颁布的拿破仑法典中，第六百四十四条对河岸原则进行了描述：“不动产邻近流动水体的产权所有者，根据财产的分类这一章第五百三十八条，如果水体不属于公共财产，那么他就可以从流经他的土地的河道中取水，用来灌溉自己的土地。不动产所有者可以在他的不动产的范围内，自由使用流经其不动产范围之内的水，但是前提条件是，必须在水流出他的土地时恢复水流的正常过程。”在 19 世纪初，英国将这一原则纳入了普通法。此时对河岸原则的定义为与河流相邻的土地所有者即河岸权人，有权使用自然状态下流经其土地的水资源。他可以获得使用河流水资源带来的利益，也要承受河流自然状态下造成的损害，例如洪水带来的危害。

英国殖民者的到来将河岸原则带到了美国（Bromley，1989）。但是最初的英国法律与 19 世纪之后（在美国独立很长时间之后）最终形成的河岸权有很大不同（Getzler，2004）。

早期的英国案例中将水权解释为“ancient possession”（古老的占有），即对河流长期的占有，这属于一种惯例或古老的习俗，例如通过皇室授权获得水资源的使用权。在之后长达几个世纪中，河岸原则吸收法院对水资源争端判决中的经验，得到不断地充实和发展。布莱克斯通（William Blackstone）在《对英国法律的评论》中提到，“如果河流尚未占用，那么我可以在其旁边建立磨房并且储存水资源，只要不会对我的邻居已经建立的磨房或牧场造成损害：因为目前他已经通过最先占用获得了产权”（Blackstone，1766）。

从布莱克斯通的评论中也可以看出，英国最初的水权是与河流沿岸的土地所有权相联系的，谁先占有了土地，谁就获得了水权。虽然水资源依附于土地，但是由于其具有流动性，要想获得河流中的水是不可能的，更确切地说应该是获得水资源所在的土地的占有权。因此，他提出根据优先使用原则（prior use）获得河道水资源的使用权而拒绝采用古老的使用习惯。使用权可以通过占有的方式得到，只要一直存在占有行为，使用权就一直存在。这里的“占用”并不同于美国西部地区的对水资源的优先占用原则，这里是指对水资源的征用或专用（condemnation），不完全出于有益目的占用水资源或并没有尽力在合理的时间内实现用水的既定目标的使用都属于对水资源的占用。这里对水权的占有是与土地权相联系的，只有获得了河边土地的所有权才能获得水权，而西部的优先占用与土地权没有联系（Palmer Water Co v. Lehighton Water Co.）。布莱克斯通提出的优先使用对舍弃普通法中惯例有着重要的贡献。而且，这一理论上发生的转变，也为后来将河岸权引入美国法律奠定了基础（Lauer，1963）。

普通法着重强调土地所有者对于流经其土地或是位于其土地之上的水资源的权利，但是在早期，缺乏稳定的、明确的法律对水资源进行配置，一直到1833年梅森诉希尔（Mason v. Hill）一案中，英国才在法律案件中正式运用河岸权。而且，这一原则的运用在很大程度上是基于美国案例中已经实行的河岸权原则（Dellapenna，2011）。基于布莱克斯通的理论之上，美国的法学家将河岸原则不断发展，最终在其影响下完全被英国法律所接纳（Wiel，1918）。

这一阶段河岸原则的主要特点是，河岸土地所有者有权使用自然流经其土地的水资源，而对水资源使用的限制仅仅是不能改变流经其土地的水流的属性。对于水量的使用没有限制，也没有其他方面的要求，此时，河岸权基本处于不受限制阶段。

2. “自然流动”理论的出现及不合理性

“河岸权”这个术语最早来源于1795年新泽西法院的关于梅利特诉帕克（Merritt v. Parker）案件的判决。

梅利特诉帕克（Merritt v. Parker）案件是关于原告挖的取水沟渠以及被告储存的水资源使用引起的争端。原告梅利特在兰科克斯（Rancocas）河北部一条支流的沿岸两侧均有自己的土地。帕克的土地与梅利特的土地相邻且位于同一条河流的下游。多年以前，帕克就在河流旁建立了磨房，并且在河流上建立了一座水坝蓄存水量来维持磨房的正常运行。蓄存的水资源属于Parker所有。1793年10月1日，梅利特从帕克磨房水库上修建了一道沟渠，通过将蓄存的水引到一条天然小溪流内，使得溪流的水量增加，而且梅利特有权对溪流中的水进行使用并在溪流旁建立了磨房。额外的水量供给使得梅利特获得了足够的水量经营他新建立的磨房。这条溪流经帕克土地上的一个小峡谷从他磨房的下游土地汇入兰科克斯河道内。从 1793 年 10 月 1 日梅利特修建沟渠开始至 1794 年 8 月 1 日，帕克在小溪流上修建了一座水坝，阻止溪流天然河道内大部分水流向前流动，造成了水流回流，梅利特的磨房被淹没而无法正常运行，最终迫使原告不能够再使用溪流中的水资源。梅利特控告帕克损害了其对溪流中水资源使用的权利并要求获得相应的赔偿，而帕克辩护其有权制止梅利特人为地增加溪流的流量。法院最终判定被告帕克是无罪的，新泽西法院的首席法官詹姆斯·金赛（James Kinsey）赞成帕克的辩护。

詹姆斯·金赛法官在对案件的审判中，提出了河岸权的“自然流动理论”。他指出，“一般而言，可以认为，当一个人购买了一块土地，在这块土地上有自然的水流经过，那么他就有权在水流的自然状态下利用该水资源，但是不能阻断或是对水流进行改道而对他人造成伤害（Coxe，1795）。”

金赛认为被告通过建立水坝占有了属于他的水资源，并且拥有这部分水资源的产权，因此原告没有权利私自挖沟渠改变河流的天然流向，引用这部分水资源。而且在未经被告的同意下，不得以这种方式增加自然流经被告土地的水资源量。如果未经被告同意而增加流经他人土地的自然水资源量，那么他就有权通过任何手段，例如建水坝或修筑堤岸来阻止这部分增加的水量。如果采取的措施对先违法者造成了损失，那么违法者必须自己承担损失而不能得到任何的赔偿。

他在陈述的最后指出，如果一个人已经修建了水坝，并且在付出很大代价后占有了这部分水资源供他自己使用，那么其他人从这部分水资源所属的土地上修建沟渠而减少了水资源初始所有者的供给，并且从初始所有者的劳动和工作中获益，但是没有支付任何的费用，而且也没有承担维护水坝的任何工作，这是不合理的。此外，增加流经他的邻居土地水流的自然流量也是不合理的，不管这种行为对他邻居带来影响是有益的还是有害的。没有人有权迫使其他人以特定的方式改变他的财产，强加于他人财产不管是有益的影响还是造成损害都是违法的（Coxe，1795）。

从詹姆斯·金赛对梅利特诉帕克一案裁定可以看出，对于帕克建立水坝蓄存的水资源，詹姆斯·金赛倾向于运用布莱克斯通的优先使用理论来判定这部分水资源属于帕克所有，因为帕克修建了水坝并且已经占有了这部分水资源很多年。梅利特对这部分水资源的使用侵犯了帕克对于修建水坝投入的劳动所带来的收益，侵犯了梅利特的财产权。此外，根据提出的“自然流量理论”断定，对于梅利特任意挖沟渠改变河流的天然流向，并且在未经帕克同意增加了流经其土地以及帕克土地上的溪流的水量，改变了溪流的天然流量状态是违法的。不管是以优先占用理论为依据，还是对“自然流动”理论的运用，最终得出了他最后的结论：任何人不得随意改变河流的流向，而且在未经利益相关人允许的情况下，不得随意改变河流的天然状态。

河岸原则的“自由流动”理论强调水流的自然状态，任何干预水流自然状态的行为都是违法的。曾经出现的“自然流动”理论实际上是不合理的，任何对水资源的利用都会引起水量的变化。但是同时可以看出，该理论之所以强调自然流动，实际上蕴含了对相关权利人用水权利的保护。而且只强调水流的自然状态不利于对水资源的充分利用，将水资源的使用限定在经济的无为上，显然不利于经济的发展。而任何的开发利用活动必然会对水流造成重大的干扰。随着工业和经济的发展，这一理论对工业用水造成了极大的限制。为了满足工业对水资源的需求促进经济发展，法院逐渐开始支持对水资源的开发利用，这一原则很快被推翻不再采用，而对河岸权人利益的保护逐渐得到加强。

从案件的判决中可以看出，这一阶段“河岸原则”强调河岸土地所有者可以对流经其土地的水资源进行使用，但是对水资源的使用不能改变河流的天然流向，支持河流的“自然流动”理论。虽然这一理论从严格意义上来讲是不正确的。但是也透露出一点，金赛法官支持对原有水资源用户权利的保护，后来使用水资源的河岸权人不能对先前的河岸权人的利益造成损害。金赛对案件的判定表现出当发生局部的水资源冲突时，实际上是局部的水能冲突而不是水量的冲突，先用水的河岸权人的利益应受到保护这一特点。

3. 河岸权确定以“不损害老用水户用水权利”为限制条件

在梅利特诉帕克一案中虽然表露出对先用水者权益的维护，但是并没有确定这一原则，其更着重于强调水流的自然状态，不能对河流进行改道。

真正对老用水户的权益进行保护的原则的确立，将河岸权引入到美国法律的是1827年泰勒诉威尔克森（Tyler v. Wilkison）案例。

波塔基特河（Pawtucket River）是马萨诸塞州（Massachusetts）和罗德岛州（Rhode）的界河，河的两边是分别是北普罗维登斯镇（North Providence）和锡康克镇（Seekonk）。河流下游有一些小型瀑布，在这些瀑布的位置有一座古老的水坝——低坝（lower dam），横穿河流两岸，河流东西两岸在水坝的附近有几间磨房。原告以及其中的几名被告是河流东岸磨房和土地的所有者或承租者，被告是位于河流西岸磨房主和土地所有者。1718年，河流两岸的土地所有者共同建造了低坝蓄存水资源。在水坝修建之前，河流的东西两岸各有一座水坝，西边的水坝延伸到河流中3/4的位置，东岸磨房也有一座水坝，与西岸的水坝是不相连的。而低坝是这两座水坝的替代品。1714年，在低坝上游几杆的位置从河流西岸挖了一条水渠——萨金特水渠（Sergeant's Trench），流经河流西岸并从低坝下游10杆处经西岸流回到波塔基特河中。修建这条渠道原本是为河流中的鱼群修建通道，然而，1730~1790年间，被告在这条渠道上修建了多处水坝和磨房。在1792年，在萨金特水渠取水口，距低坝上游大约20杆处的地方，又修建了一座水坝。1796年，上游水坝所有者与萨金特水渠上的磨房主们达成协议，由上游水坝经一条引水槽向磨房供水。新水坝的所有者也成为了被告。

原告控告萨金特水渠所有者，认为他们仅仅对满足低坝以及土地所有者任何目的的用水之后多余的水资源有使用的权利，可以说萨金特水渠所有者对水资源的使用权利屈从于原告对水资源使用的权利，在满足原告已经建立的或将要建立的磨房左右的需水情况下，才可以对剩余的水量进行使用。他们控告萨金特水渠所有者与上游水坝所有者的共同欺骗行为，占用并使用水资源，伤害了原告利益，占用了比依据优先使用情况下有权使用的正常水资源数量更多的水资源，造成了这部分水资源的浪费并对原告造成了损失。原告通过对被告提出控诉意图维护他们的水权，要求法院对上游水库的供水协议颁发禁令，并要求获得合理的救济。

斯托里（Story）法官全面地阅读了与这一案件类似的案件的公开

审理结果，并且参照安吉尔（Angell）的《论河道》中有价值的观点以及他自己的相关的研究工作，提出了权威性的观点：河岸土地所有者在不削弱水流或阻断水流的条件下，有权使用流经其土地的天然水流。更严格地说，他对水资源没有所有权，仅拥有对流经其土地的水流的使用权。这条原则的重要性在于河岸土地所有者对水资源的使用不能损害他人使用水资源的权利。河岸土地所有者不论位于河流的上游还是下游都不重要，因为他们对河流水资源使用的权利是平等的，任何人都无权削减河流的天然流量，而下游河岸土地所有者也无权使水资源逆流回上游（Mason，1827）。

他提出的原则也体现出“自然流动”理论的内容，即不能减少和阻断天然水流，这无疑会限制水资源的开发利用，不适应经济发展对水资源的要求，因此，他补充道：“我提到的所有河岸土地所有人共同享有的这种权利，并不是想要人们理解为河岸土地所有者在使用天然水流时，在任何情况下都不得减少或阻断水流，这样会否定对水流有价值的使用。”对于所有河岸土地所有者，可以允许对河流的“合理使用”。而“合理使用”的检验标准在于是否对其他河岸土地所有者的用水造成了损害（Mason，1827）。

原告作为河岸土地所有者，只要河流没有被优先占用，他就有权使用流经他的土地的河流水量。因此，他对没有被占用的多余的自然流动的水资源也有使用的权利。他们作为河岸权人的权利是一致的，被告通过建立自己使用和转移水资源的权利而致使原告的权利范围缩小，那么他们是有责任的。而对于萨金特水渠所有者，他们对自然流经水渠的水量有绝对的权利，使用的水量限制在枯水季节不得损害原告对自然水量的使用。但是水渠的所有者对水流的使用存在限制，在通常状态下水量的使用不能超出该水量。上游水坝所有者与萨金特水渠附近的磨坊主签订的协议虽然保证了磨坊主的用水量，但是供给的水量并不是磨坊主实际需要的水量，而且没有对这一用水权利的限制，忽视了低坝所有者优先使用水资源的权利，水渠所有者对水资源的过多占有会影响原告将来对水资源的使用。因此，通过判决，斯托里认为萨金特水渠的所有者对于1796年之前的自然流量有使用权，而且不会受到原告以及低坝其他所有者对水资源优先占有的权利的限制，即使是在水资源短缺的情况下，所有的河岸权人也要共同承担水资源的稀缺。但是水渠所有者对于

1796 年之前正常水流之外的多余的水资源无权使用，而且应该禁止对这部分水资源过多的占有，这保护了原来河岸权人的用水权。因此，判决确认了原告对这部分水资源的权利，并且同意了原告提出的禁令。

通过对泰勒诉威尔克森案的判决，斯托里提出了新的河岸权限制原则——河岸权人对流经其土地的水流有使用的权利，但是其使用不得损害原来的河岸权人用水的权利。低坝的所有者最先使用河流的水资源，对流经其土地的水资源有使用权。之后出于生态保护的原因修建的萨金特水渠，其流经的土地所有者随流经萨金特水渠的水资源有实用的权利，而且不受低坝所有者用水权的影响，但是萨金特水渠流经土地的所有者仅对水渠正常流量下的水资源有使用权，对于扣除这一部分流量的河流水量没有使用的权利。上游水坝所有者阻断了水流影响了下游土地所有者的用水权，因此也是不合法的。

在同年的马丁诉比奇洛（Martin v. Bigelow）案件中，法院不再运用优先占用原则判定对河流的使用权，认为对水流的优先使用并没有给予河岸土地所有者排他性的权利，此时的普通法不再适应当时的环境而不予采用。指出每个河岸权人为了正常的生活都有正常使用水资源的权利，这个权利是平等的，只能将改道、浪费或是不合理的阻断认定为对他人权利造成损害，出于当时的环境——经济发展，而支持在“不损害老用水户用水权利”的原则下开发利用水资源（Aikens，1827）。河岸权人在一定时期内，出于合理的目的，可以使用其可以享有的不受水量限制的水资源，但是不能对原来的河岸权人的利益造成损害（Hutchins and Steele，1957）。

法庭判决的本质在于河岸权人可以使用流经其土地的水资源，但是对水资源的使用不能影响其他用水者的权利。先用水的河岸权人的利益受到保护，后用水的河岸权人对水资源的使用不能影响先来者的用水。至此，对河岸权做出了进一步的限制——不能影响老用水户用水。在不影响老用水户用水的情况下，后来的河岸权人有对水流使用的权力，而且认为他对水流的使用是“合理的”。

4. “不损害老用水户用水”理论进一步扩展——合理利用原则的形成

从泰勒诉威尔克森案之后，在现代的河岸权原则下，只要河岸权人不损害原有河岸权人的用水权利，那么他就对毗邻河道的水资源有使用的权利而不需要考虑是否会影响到河流的正常流量，换句话说，他对河流水量的使用没有限制。

然而，在进入20世纪后，随着用水的增多，这一原则也不断得到修正。目前的河岸权的特征可以从1955年哈里斯诉布鲁克斯（Harris v. Brooks）一案的判决中体现出来。

沃德（Ward）法官依据河岸原则对案件作出裁决，他指出："河岸土地所有者为了特定目的有权使用流经其土地的水资源，对水资源使用的权利依附于他们的土地所有权。最初，河岸权人有权维持河流的自然流量，而且只能将水资源用于家庭用水。但是之后逐渐意识到这种对水资源严格地限制性使用是不合理的，也是不利于经济发展的。因此，河岸权对水资源的限制逐渐放松。"

在这个案件中，他在一定程度上也支持曾经出现过的自然流动理论，认为应该维持河流的正常水位。但是另一方面，他并没有非常确定的理由将河流的水位一直维持在正常水平，而假设对水资源的利用可以带来效益而且也不会对老用水户用水造成损害。随着社会文明进步，生产、灌溉以及娱乐等对水资源的需求增加，以至于"严格保持河流自然流量"逐渐成为水资源使用的不合理限制，因此，法院逐渐认同对水资源的"不影响老用水户用水权"这一理论。

河岸权人对水流的使用权在很大程度上是相互的、共同的、相关的。每个河岸权人对河流的使用限制在合理利用范围内，而且要顾及上下游其他已存在的河岸权人的权益。河岸土地所有者享有的这种权利对于使用邻近其土地的水资源以及依靠该水资源进行合法的商业活动是必须的，对水量的使用仅受到其他已存在的河岸权人权利以及特定公共利益的限制。而用水是否合理需要根据既定的事实和环境做出判断。对于特定案例中具体用水是否合理不应该依赖于法院或法官的直觉，而是应该根据社会的标准对竞争双方利益冲突做出评估，对用水的合理性进行判断。当河岸权人对水资源的使用是不合理的且给原来已经存在的河岸权人带来伤害时才能够向法院提起控诉。

从沃德的裁决中可以看出，河岸权人用水在不能伤害老用水户用水的原则下，其用水还必须符合"合理利用"原则，而合理性需要根据特定的情况判定。此外，1980年的环境保护基金诉东部城市利用区

(Environmental Defense Fund v. East Municipal Utilization District) 一案中提出：水资源合理利用的内容不仅依赖于目前所呈现的整体环境，而且随着目前情况的变化而变化。在乔斯林诉马林市水利区（Joslin v. Marin Municipal Water District）一案中也曾提到："水资源的合理利用原则依赖于每一个案例的具体情况，这个标准不能从州范围内综合考虑各种重要因素而先行确定。"

因此，河岸权的合理利用原则应该根据具体情况而定，并没有统一的标准。但是这也带来了河岸权原则的不确定性。例如，明尼苏达州最高法院认为用水是否合理需要从 10 个方面进行衡量，除了考虑用水对其他河岸权人造成的损害，还需要考虑用水类别、用水时机和方式、用水目的、范围、必要性和期限、河流的自然条件、用水目的（从事何种工、商业活动）、争议双方用水的重要性和必要性等。而《侵权法重述》中，则将合理利用原则归结为：用水对其他河岸权人或环境造成的损害、用水经济效益和社会效益、用水目的、用水与河流自然条件的适宜性、与其他竞争性用水协调的可能性、对该用水行为进行限制的"正当性"等。因此，河岸权不仅要遵守"不损害老用水户用水权"原则，还受到了更多的限制，包括用水目的、用水方式等，可以将这些限制统一归结为"合理利用"原则，这一原则中最根本的且必不可少的是"不损害老用水户用水权"，而包括的其他方面则根据具体的情况而定。

发展至此，河岸权由原来河岸土地所有者用水没有限制，发展到受"不损害老用水户用水权利"原则的限制，再到"合理利用"原则的形成，河岸权受到的限制越来越多。最终的河岸权的特征可以总结为：河岸土地所有者对流经其土地的水资源享有使用的权利，但要遵守"合理利用"原则，"合理利用"原则中最根本的限制性原则是"不损害老用水户用水权利"，其他方面的原则则需要根据特定的情况而定。

5. 现代的河岸取水许可制度

河岸权的"合理利用"原则具有很强的主观性，缺乏客观的、科学的标准来对用水行为进行评判以及对水资源的使用进行科学的管理。而且，水资源具有流动性，除了水源地之外，其他土地所有者的用水在某种程度上取决于其他土地所有者对水资源的使用。如果没有对上游沿岸权人的用水给予足够的限制，那么下游沿岸权人的用水就会受到威胁，后者就不会产生投资水利设施的积极性。反之亦然（王小军，2013）。在传统的河岸权制度下，河岸土地所有者拥有的水权是平等的，没有优先等级，仅依据河岸原则不足以解决因水资源紧缺引起的所有权人之间的水资源冲突问题。因此，在 20 世纪中期，美国东部一些州开始采取许可证手段对河岸权进行改进，在传统的河岸权制度上形成了一种新的“河岸权许可制度”。

目前，美国东部共有 20 个州采用了新的河岸权许可制度，包括亚拉巴马、康涅狄格、佛罗里达、佐治亚、印第安纳、艾奥瓦、肯塔基、马里兰、马萨诸塞、明尼苏达、密西西比、新泽西、北卡罗来纳、弗吉尼亚、威斯康星、特拉华、纽约、伊利诺伊和南卡罗来纳州等。在河岸权许可制度下，沿岸水权所有者用水前必须向水行政部门申请取水许可，经审核同意后发放取水许可证，凭借取水许可证方可用水。在取水许可的发放过程中，水行政部门通过对用水竞争者的用水资格和水权内容进行审核，从而避免了潜在的用水冲突。相对于在用水冲突发生之后才对用水双方进行评判并做出裁定的传统河岸权制度，河岸权许可制度更能够从根本上解决水资源冲突，并降低了制度的成本。

5.2.3　美国西部水权制度的变化

1. 优先占用制度的形成

美国西部的自然环境与东部相差很大，降水稀少，水资源较为稀缺。在特殊的自然条件和社会条件下，适用于东部的河岸权在西部不再适用，在各种因素的综合作用下，催生了另一种更适宜于西部条件的水权制度形式——优先占用制度。

犹他州是优先占用原则的发源地。早在 1847 年，犹他州先驱者——盎格鲁—撒克逊人在犹他州定居。首批移民到达了盐湖城谷，盐湖城谷大部分地区属于沙漠地区，以山区径流和约旦河为主要水源。为了在盐湖城谷生存，盎格鲁—撒克逊人开始种植作物作为食物来源，因此需要从地表河流引水到居住地区来满足作物灌溉需要。盎格鲁—撒克逊人从河流上开挖沟渠引水到定居地来灌溉土地，而这些土地往往是不与河流相邻的。盎格鲁—撒克逊人是美国最早进行大面积灌溉的移民，他们在依靠山区径流而为不与河流相邻的土地进行灌溉时形成了这样一个用水规则：谁先利用水资源，谁就比后来者有优先权继续使用这部分水资源。这条基础性的原则后来在法律上得到支持，并发展成为优先占用原则。这条原则的形成是基于生存目的而对水资源进行转移和使用的需要，脱离了河岸土地才能用水的限制，使用水权与土地所有权相分离。

1848 年，加州的"淘金潮"对优先占用原则的形成具有重要的影响。西部发展初期，移民们将来源于英国的普通法带到了西部。最初，加利福尼亚州受普通法的影响，实行河岸权，河岸土地所有者在遵循"合理利用"的原则下，平等地享有水资源的使用权。随着 1848 年黄金的发现，移民蜂拥而至，矿业逐渐发展起来。水资源是矿业的命脉，矿主需要为不与河流相邻的矿区获得水资源以满足矿业的需要。在这种情况下，河岸原则不再适用，因此迫切需要建立一种更为合适的水权制度来满足西部矿业的发展。西南部最初为西班牙的殖民地，在处理矿业纠纷时沿用西班牙的矿业法，即"谁发现，谁占有"的制度，后来，这种制度逐渐发展成为西部处理矿业纠纷的原则——先占原则。而这种原则也被运用到在矿业中起决定作用的水资源的使用中，即谁先发现水资源，谁就有权继续使用满足矿区需要的那部分水资源。此时，矿主获得的水资源仅局限于满足矿业及生活所必需的那部分水资源，而且仅在水资源不足时，优先占用原则才起作用。当水资源充足时，矿主获得水资源的权利是平等的，因此，此时的优先占用原则尚带有河岸权的色彩。随着矿业和经济的发展，为了提高矿区用水效率、促进经济发展，矿区开始改变传统的规则体系，赋予土地与地表河流不相邻的矿主对于河边土地通行的役权，这样不与河流相邻的矿区用水就不再受河岸土地的限制，于是优先占用原则逐渐发展起来。

而优先占用原则真正的确立是在 1855 年加利福尼亚州最高法院对欧文诉菲利普斯（Irwin v. Phillips）案件的裁决中。

在加利福尼亚州的一个矿区内，被告为了满足其矿区用水而从一条河流上修建了一条沟渠，从天然河道中引水供其矿区使用。原告位于河流的沿岸，占据了河边的土地，他在被告之后同样也是为了矿区的需要从河中取水。原告对被告通过沟渠引水提出控告，认为依据河岸原则，河道应该保持天然的状态，不能修建沟渠将水引到河岸之外的土地使用。法院对被告是否有权通过水渠从河流中引水供矿区使用做出了判决。

法院认为，河岸权原则依赖于河边土地所有者的个人权利，水资源的使用权与河边土地的所有权相联系。而在本案例中，土地属于公共财产，或属于州所有，或属于联邦所有，因此，出于本案的目的，土地所有权的归属无关紧要。普通法中规定，只有河岸权人或是河岸土地承租者的水资源使用权受到损害时才能提起控诉。然而，在这种情况下，提起控诉者并不能因为可以随意地宣称他们是土地的承租者而提出控诉。他们承租的不是土地而是他们自己所建立的房屋等物品，以及后来从河流中调用的水资源。他们有权在广大的范围内开矿，有权选择对已经调用水资源的河流从哪一河岸引水，而从另一个进水口将水资源引入供矿区使用。

而且法院应该结合国家的政治和经济环境做出公正的判决。在加利福尼亚州，矿地占领土的大部分，而这些矿地属于公共财产，除了在个别州的特殊规定外，任何人都没有处置的权利。而许多人在对矿地的使用中逐渐形成了一种制度，矿主在占有的矿区土地上，其权利受到保护。他们通过优先占用矿地，并建立了引水工程从不与矿区相邻的河流中取水，满足淘金的需要。人们已经充分认识到水资源在矿区作业中的重要性，缺乏水资源的矿区将得不到发展。因此，对于矿区优先使用水资源的权利不需要进行特定的法律声明，人们就已经承认了这种权利的合法性和有效性。对于已经优先占用矿地并运营的矿区，同时赋予了矿区从河流中取水的权利，两种权利是平等的，倘若用水发生冲突则依据先占原则来进行裁定。当矿主选择了一块矿地来经营，那么必须接受它最初的状态，遵循优先占用原则。如果这个矿区邻近有一条河流，而这条河流尚没有发生取水行为，那么后来对河流水资源的取用不能损害到矿主的取水权利。但是，如果这条河流中已经发生了取水行为，那么矿主就无权影响先来者的用水权利（Heydenfeldt，1855）。

这一案例的判决体现了加州法院对矿区土地优先占用的认可，以及为满足矿区水资源需要，出于这一合法目的，对水资源优先占用的认可。水资源使用的冲突不再依靠河岸原则进行裁定，而是坚持谁先占用水资源，谁就有优先使用的权利。优先占用原则得以正式确立。

在西部独特的自然环境条件下，犹他州在进行大面积灌溉时，为满足农业需求而形成的用水习惯，以及受加州淘金热的影响，为满足矿业用水需求而形成的优先占用原则，一直到1855年法院对优先占用原则的正式确认，优先占用原则最终得到法律的认可，逐渐建立和完善起来。

1866年7月26日，美国国会法案中对优先占用权进行了肯定，法案中宣称："美国的矿地是可以自由、公开开采和占有的，但是要遵从法律、地区的习惯法、区域的居民法规等，以及其他的不与美国法律相悖的法律法规的约束。"法案进一步规定，应该维持并保护根据优先占用原则建立起来的水权，承认并确认了以采矿、农业或是工业用水为目的从运河和沟渠引水的先行权。

1935年，美国最高法院在加州俄勒冈电力公司诉埃弗波特兰水泥公司（California Oregon Power Co. v. Beaver Portland Cement Co.）一案中指出："1866年7月26日国会法案之前，在加利福尼亚州以及干旱地区，以采矿和其他有益目的的水资源使用权是固定的，而且在地方法规和习俗中都对其进行了规定。一致认为为了有益目的而优先占用水资源者在他实际使用水资源中有更高权利。水资源通过水道或是引水渠经过远距离引水供矿业和农业所用。为了有益目的，通过优先占用获得水权并且受到保护，这条规则已经在全州以及干旱区范围内得到普遍认同，对工业、灌溉或矿业的用水均适用。这条规则不仅在法律和司法裁决中得到证实，而且也在地方法律或习惯法以及应用中得到体现"（Sutherland，1935）。至此，现在实行的优先占用权制度已经完全建立起来而且已经基本成熟。

从原始的用水习俗的形成，到法院的司法判决，再到法律中对优先占用原则的规定，优先占用原则已经正式确立且得到了法律的认可，最终形成的优先占用权的内容是，出于有益利用的目的，谁先占用水资源，谁就有优先使用这部分水资源的权利，而且受法律保护。

在气候干旱的内华达、爱达荷、亚利桑那、新墨西哥以及科罗拉多州，均采用优先占用制度。内华达作为美国西部最为干旱的州，对水资源的使用一直采取优先占用原则，立法机构最早颁布的1866年法案中对水资源的使用做了规定，任何人可以从河流中引水，而且赋予它对于其他人土地通行的役权，不与河岸相邻的土地也可以用水。由于灌溉和矿业发展对水资源使用引起的用水冲突，法院试图通过裁决来解决水资源矛盾，但是都以失败告终。直到1903年灌溉法案的颁布，规定水资源的使用必须遵从先占和有益利用的原则（Welden，2003）。爱达荷州不认可河岸权制度，对水资源的使用依据最简单的引水并用于有益利用的原则，这种水权也被称为“有益利用”或“历史性用水”水权。另一种水资源使用的方式是根据当时实行的法令制度来建立水权。1903年之前，爱达荷州采用一种“张贴通知”的法律制度，当水资源出于有益目的被使用时，在引水的地点贴出通知，而通知贴出的日期作为水权建立的优先日期。在此基础上建立起了优先占用水权制度（IDWR，2015）。亚利桑那、新墨西哥和科罗拉多州原属于西班牙和墨西哥的殖民地，大规模灌溉和矿业引发了水资源冲突。矿区基于民法中的先占原则制定自己的法律管理水资源使用。这5个州优先占用权的建立过程基本相似，都是通过将水权与土地权相分离，水权属于公众所有，在此基础上建立起优先占用制度（Meyer，1985）。

从19世纪70年代开始，美国西部的有些州已经开始通过立法加强水资源使用管理。一些州法规定，优先权人只有按照法定的程序对先占的事实进行公告并在州水行政主管部门进行登记才能取得优先使用权。随着西部人口增长以及社会经济的发展，用水需求迅速增长，各州开始加强水资源管理。此外，优先占用权虽然规定了用水的次序，有利于维持良好的水资源使用秩序，但是也存在一些缺陷。例如，缺乏对现存水权的可信记录，当发生水资源冲突时，对于优先占用权的成立举证非常困难，没有可依据的水权优先顺序记录。而这些问题都可以通过加强水资源的行政管理和进行登记来解决。因此，优先占用许可制度逐渐发展起来。

优先占用许可制度最早于1890年在怀俄明州建立起来。怀俄明州在当时颁布的水法中对优先占用许可制度进行了规定，优先权人首先需要向州工程师申请用水许可，经审核批准后才能获得水资源的优先使用权。随后，优先占用许可制度被越来越多的州所采用。目前，优先占用许可制度已经被除了科罗拉多州以外的西部各州所采用，逐渐替代了传统的优先占用制度。

2. 西部地区存在的其他水权制度形式

1850年，加利福尼亚州加入联邦，立法机构正式将普通法作为加利福尼亚州的法律，而普通法认同了河岸权制度（Kanazawa，1998）。

由于加利福尼亚州采用了英国的普通法，而河岸权制度正是以此为基础发展和建立起来的，因此，加利福尼亚法庭做了一个具有里程碑意义的决定——在采用优先占用权的同时，同样认可河岸权，即同时采用优先占用权与河岸权制度（Walston，2008）。虽然在农业和矿业发展过程中，河岸权原则变得越来越不适用，但是加利福尼亚州法庭仍然认可河岸权的有效性（Dellapenna，2011）。随着优先占用权在加利福尼亚州发展起来，许多人简单地认为河岸权已经被废弃，然而，1886 年勒克斯诉哈金（Lux v. Haggin）案件中，最高法院认可了河岸权的法律地位，并且认为河岸权人的权益要高于优先占用权人的权益（Supreme Court of California in Bank，1886）。同样，在 1926 年赫明豪斯诉南加州爱迪生公司（Herminghaus v. Southern California Edison Co）案例中也认为河岸权人有要求完全满足其水资源需求的权利，而不需要考虑优先占用权人用水的相对重要性或是对优先权人造成的影响，这实际上是承认了河岸权的优先地位。但是，到了 1928 年，加利福尼亚州在宪法中对河岸权的地位进行了修改，赋予了河岸权与优先占用权平等的法律地位。宪法的修改中包括建立了加利福尼亚州水法的三条基础性原则：（1）州的水资源应该最大程度地用于有益利用——这说明应该实现水资源利用效率的最大化；（2）浪费、不合理利用以及不合理的使用手段应该被禁止——这要求保证水资源使用的有效性而不能浪费水资源；（3）储存的水资源应该用于合理的、有益的目的——保证水资源的使用符合“合理及有益利用”的原则。保存的水资源应该服务于人民的利益以及公众福利。在宪法的修订下，河岸权和优先占用权都必须符合“合理利用”以及“有益利用”原则（Walston，2008）。通常情况下，合理利用原则涉及的范围更广，除了包括有益利用的内容之外，还包括所有权人之间的利益平衡，强调对公众利益的维护，合理利用涵盖了有益利用的内容，反之则不成立。通过宪法的修订，加利福尼亚州将“合理利用”原则作为水法的基本原则，同时适用于河岸权和优先占有权。

因此，在加利福尼亚州，河岸权和优先权同时有效，在与河岸相邻的土地上，实行河岸权制度。而在不与河岸相邻的土地，为了满足矿业等有益目的的用水则实行优先占用权制度。而河岸权制度受到了更多的限制，两种制度都必须同时遵守合理利用原则。对于竞争性用水，在水资源不足以满足所有用途的情况下，依据合理利用原则解决用水冲突，此时，合理利用指比有益利用对社会更有益处的利用，根据具体情况而定。在乔斯林诉马林市水利区（Joslin v. Marin Municipal Water District）一案中，法院指出合理利用并不简单等同于有益利用，更强调为了维护人民利益的合理性用水，认为合理利用是从公共利益角度出发，为了满足生活需要优先占用的城市用水比河岸的矿业用水更具有合理性（Sullivan，1967）。同样，在皮博迪诉瓦列霍市（Peabody v. City of Vallejo，1935）案例中，法院也赞同城市的生活用水比河岸果园灌溉用水具有合理性，因此认为应先满足城市用水。从这些案例中以及加州宪法修订中可以看出，河岸权虽然保留了下来，但是受到了更多的限制，以人民的公共利益为最高标准，判断用水的合理性。

加利福尼亚州除了河岸权制度和优先占用制度外，由于其特殊的历史背景，还存在另一种特殊形式的水权——普韦布洛水权。普韦布洛部落是由早期的印第安人移民组成的部落，1848年之前由西班牙和墨西哥殖民，之后被美国征服，主要存在于美国的西南部，加州也存在普韦布洛部落（Weber，2009）。首批到达加利福尼亚州的西班牙传教士，面对干旱的、易暴发洪水的自然环境，逐渐形成适应这种自然条件的水资源管理和分配方法。在此时期，土地是由西班牙政府授予的，在授予土地的同时一起将土地上所包含的水资源授予土地所有者。如果土地上的水资源不足以满足土地对水资源的需要，那么政府就不会将土地授予他人。西班牙王室在授予土地的时候，采取相应的措施避免损害到印第安人的利益。他们这一行为是有私心的，地方官员包括国王本身也意识到普韦布洛印第安人有很强的生产力，他们能够生产更多的粮食，缴纳更多的税收等，是一个强有力的生产力储备。因此，出于本身的利益，规定在赋予西班牙人土地的时候不能损害到印第安人的土地权利，而土地是他们维持生计和进行生产的基础。对于水权，虽没有明确规定，但在此时期认为水权是与土地相联系的，获得了土地即获得了附属的水资源。因此，对于印第安人所获得水权与所给予的土地一样，具有最高的权利，不能受到侵害（Weber，2009）。

加利福尼亚州在西班牙和墨西哥殖民时期，普韦布洛市政范围内的水权与个人生活用水需要直接相关。1789年，西班牙王室颁布了“Pictic”计划，对普韦布洛水权给予了肯定，保证了普韦布洛印第安人有足够的水资源使用。“Pictic”计划中规定，普韦布洛印第安人对流经其土地的水资源有固有的、优先的水资源使用权，由市政官员根据市民的需要来分配水资源（Reich，1994）。此外，在普韦布洛水权制度下，用水量可以随着人口增长对水资源需求的增长而增长。也就是说，只要有足够的水资源支持这个逐渐扩大的群体，普韦布洛部落中的印第安人在任何情况下都有水资源的使用权（Firmacion and Raskin，2015）。现在，普韦布洛水权在加利福尼亚州依然存在，它同样来源于西班牙和墨西哥的印第安人部落，市政范围内的印第安人对于自然水流以及地下水有至高无上的优先使用的权利。2000 年，加利福尼亚最高法庭在巴斯托市诉摩加维水务公司（City of Barstow v. Mojave Water Agency）一案中再次强调了普韦布洛水权制度的合法性，指出普韦布洛水权适用于西班牙和墨西哥普韦布洛部落市政范围内的后人。在这种水权制度下，这些城市有权获得它们发展和增长所需要的所有的水资源（Minan，2004）。而且在市政范围内不需要申请用水许可，也不需要缴纳费用。但是加利福尼亚州保留的普韦布洛水权忽略了在西班牙和墨西哥法律下，普韦布洛水权会依据他们的需求调整和重新分配水资源，水权是变化的，为了实现共同的利益而在用水过程中不断平衡与其他群体的利益（Stevens，1988）。此外，同样认可普韦布洛水权的州还有新墨西哥州，加利福尼亚州和新墨西哥州都承认了原来印第安人的水权制度——普韦布洛水权的合法性，其处于重要的地位，比优先权和河岸权的地位更高（Stevens，1988）。

同时认可河岸权和优先占用权的还包括得克萨斯州，但是其制度形式与加利福尼亚州不同。在西班牙殖民时期，得克萨斯州受西班牙法律支配，1821 年由墨西哥殖民，自然而然开始受其法律支配，1836 年从墨西哥独立，自 1840 年起，采用英国的普通法。其保留了西班牙和墨西哥法律中的矿业法，但是并没有继续使用新西班牙水法，而是采用了普通法中的河岸原则。1836 年之前，西班牙殖民者形成了适用于当时情况的灌溉及市政水资源制度，在现在的圣安东尼奥市、厄尔巴索以及拉雷多地区仍然存在这种制度形式，最具代表性的是圣安东尼奥市的灌溉系统（Taylor，1975）。圣安东尼奥市的灌溉系统包括许多灌溉沟渠，每条灌溉沟渠都为某一个社区群体内的灌溉者服务，水渠的使用则由地方行政机构进行管理。此外，这些灌渠还为天主教徒和居民提供生活用水。这些灌溉沟渠的建造在当时主要用来防范法国殖民者的入侵。在这种制度下，邻近河流的人有权为了基本的家庭和生活用水使用河流中的水资源，对于不邻近河流的大规模用水包括灌溉、商业以及工业用水，则通过政府的授予获得水资源的使用权（Jarvis，2008），此时出现了水权和土地所有权的初步分离。1845 年，得克萨斯成为州，政府拥有土地和水资源的所有权。1861 年，得克萨斯从联邦中独立出来，而在 1870 年再次加入联邦。在这一不稳定时期，得克萨斯州面临公众开发利用水资源的压力，通过立法鼓励地方私人灌溉项目的发展。灌溉对于得克萨斯州的经济发展具有至关重要的作用，1852 年灌溉法案中规定，各县具有管理和分配水资源的权利，有权建设、经营以及维护灌溉工作，取代了殖民时期的灌溉水渠。此时，一方面，法庭采用普通法中的河岸权制度；另一方面，随着灌溉的发展，为了满足灌溉以及发展的需要，立法部门通过颁布法令来管理水资源的配置，水权与土地所有权出现了分离，导致了水权制度的分离和混乱状态。但是在早期，缺乏明确的水资源法律对水资源的使用进行管理。1889 年颁布了灌溉法案，在法案中鼓励灌溉，并规定了得克萨斯州干旱地区灌溉用水以及矿业用水水资源的获取。法案的第一部分中规定：（1）在得克萨斯州干旱地区，由于降雨不充足，灌溉对于农业是必须的，未占用的河流中的水资源可以用于灌溉、家庭用水或其他有益的目的。但是出于这种目的对水资源的使用不能剥夺河岸土地所有者的家庭用水权。（2）而在干旱地区未被占用的水权属于公众所有，可以通过占用得到。（3）为了法案中规定的合理的目的占用水资源，当占用者停止使用，权利也就失去了。（4）优先占用者之间，第一个占用者是指第一个使用一定量的水资源，合理地满足灌溉土地的需要，而且是灌溉水渠所允许的。

法案中明确了干旱地区未占用的水资源属于州所有，并实行优先占用权制度，灌溉公司可以通过申请优先占用获得优先水权，正式确定了对优先占用权制度的采用。这一法令确认和保护了灌溉公司的优先权，以满足灌溉的要求，从而促进了农业的发展。同时法案中也确定了河岸土地所有者的水权——“出于家庭用水的”河岸权，从法律上确认了同时采用河岸权和优先占用权制度。但是法案中仅在第二部分提到了对河岸权的保护，而且是仅仅针对河岸权用于家庭用水的保护，河岸权受到了很大限制，1895 年《灌溉法案》中对河岸权的保护做了进一步补充。但是一直未能协调好河岸权与优先权的关系，因此造成了许多河岸权与优先权的冲突。直到1967年“水权判决法案”的颁布，将保留的河岸权融入到优先占用权体系中，形成了一个相对统一的易于管理的水权制度体系。得克萨斯水法第11章第三百零三条判决法案规定除了家庭和生活用水，所有的水权申请人，包括优先权申请人和河岸权申请人，在1969年9月1日之前都必须将申请登记在案。河岸权的登记日期相当于在优先权中的日期，赋予了河岸权一个优先日期。特定的河岸权申请必须在1971年7月1日之前登记在案。1963～1967年的河岸权申请限制在对水资源最大有益利用条件下。法案对于1967年之前没有提出申请的权利不予认可。根据1967年的法案，得克萨斯将水资源的分配，包括河岸权和优先权的分配，合并到一个统一的系统中，强调水权的法定权利。根据法案，对所有的水权赋予了一个优先日期，要求将水权申请登记在案并提供在法案规定的时间内使用水资源的证据。法案对河岸权进行了限制，不再是传统的河岸权“即使不使用水资源也不会丧失水权”，而是对于所有的已经使用的河岸权必须进行登记，登记日期即为优先日期，并将河岸权限制为在法案实施之前规定日期内或延长的期限内的最大程度的有益利用。而对于没有进行声明和使用的河岸权则不予承认。从此，得克萨斯州水权制度由双重河岸权制度转变为以优先权为主导的、更易于管理的、单一的法定水权制度体系。

美国西部地区河岸权和优先占用权共存的州还包括俄勒冈州和华盛顿州。早期西北部俄勒冈地区（现在的俄勒冈州与华盛顿州），属于英国的殖民地，1846年并入美国。与得克萨斯州类似，俄勒冈和华盛顿州分别于1909年（Neuman，1983）和1917（Water Resources Program，1998）年颁布新水法后，对已存在的河岸权要求登记，将登记日期作为优先占用水权体系的优先日，废除未经使用的河岸权，以优先占用权体系取代了原来的双重水权体系，形成了以优先权为主导的新的水权制度。

在美国西部的州中，除了存在优先权、河岸权，在一些州中还存在水量比例水权制度，主要存在于科罗拉多河流域以及阿肯色河流域。在科罗拉多河流域，根据1922年科罗拉多河契约将水资源在上游流域（怀俄明州、犹他州、新墨西哥州以及亚利桑那州的小部分）与下游流域（内华达州、亚利桑那州大部分、加利福尼亚州）之间进行分配，上下游流域部分的州内依据优先占用原则分配水资源。1928年，博尔德峡谷工程行动将下游获得的水资源依据各州的面积按比例分配。1944年，美墨之间的《美国和墨西哥关于利用科罗拉多河协议》规定了对墨西哥的水权分配。1948年，科罗拉多河上游流域将水资源在各州间进行分配，在保证亚利桑那地区获得既定的水资源的前提下，将剩余的水资源在其他的各州之间按比例配置。至此，科罗拉多河流域的水资源量实现了在7个州间的比例配置。如本书第四章所述，水量比例水权同样存在于阿肯色河流域和格兰德河流域。阿肯色河流域根据州间协定，实现了水资源在科罗拉多州、堪萨斯州、俄克拉荷马州以及阿肯色州之间的分配，格兰德河流域根据1939年的“科罗拉多、新墨西哥以及得克萨斯州协议”实现了水资源在这三个州之间的分配。因此，水量比例水权制度存在于美国的怀俄明州、科罗拉多州、犹他州、新墨西哥州、亚利桑那州、内华达州、加利福尼亚州、堪萨斯州、俄克拉荷马州、阿肯色州以及得克萨斯州，在流域水平上，依据相关的协议将各个州按一定比例对所属的水资源进行划分。

综上所述，在美国西部的州中水权类型可以归结为：

（1）同时存在4种水权制度类型的州（普韦布洛水权、河岸权、优先占用权、水量比例水权）：加利福尼亚州。

（2）同时存在3种水权制度类型的州（普韦布洛水权、优先权、比例水权）：新墨西哥州。

（3）存在2种水权制度类型的州：

①将河岸权并入优先权体系的优先占用制度、比例水权制度：得克萨斯州、俄勒冈州、华盛顿州；

②单纯的优先权制度、比例水权制度：内华达州、犹他州、亚利桑那州、科罗拉多州；

（4）实行单纯优先占用权制度的州：爱达荷州。

5.2.4　美国中西部水权制度的变化

受美国东部湿润地区河岸权以及西部干旱地区优先权的影响，美国中西部也相继建立了各自的水权制度。密西西比河以西水资源丰富的流域，包括爱荷华州、密苏里州、阿肯色州，以及路易斯安那州均实行发展于东部的河岸权制度。西部的蒙大拿州和怀俄明州，气候较为干燥，以季节性降水为主，为了满足全年矿业用水以及灌溉用水的需求，采用优先占用权制度。蒙大拿州的优先占用原则最早起源于1864~1865年加拉廷县白人的定居，农业生产为了获得足够的灌溉用水，采用先占原则。怀俄明州最先发展的是矿业，与加州优先权的建立相似，1869年10月12日，怀俄明首个领土立法机构在夏延起草了第一部水法，根据1866年的矿业法，国会认可移民者在联邦土地上通过优先占用而获得的水权，并认可了经过非占有的土地由水渠引水到居住土地上的权利。因此，早期的怀俄明政府肯定了领土范围内居民优先占用并使用的水资源权利，优先权制度建立起来（Copper，2004）。

北达科州、南达科州、内布拉斯加州、堪萨斯州、俄克拉荷马州气候条件较为相似，这些州的东部区域气候较为湿润，水资源相对丰富。而西部区域与美国西部地区的气候条件相似，较为干旱，这些州采用的水权制度较为相似。在湿润的东部区域，采用河岸权制度，而在相对干旱的西部区域，为了适应各自的用水需要，建立起优先占用权制度，北达科他、南达科他以及堪萨斯州均于1881年开始实行优先占用原则，内布拉斯加、俄克拉荷马分别于1895年、1897年确认了优先占用制度。这些地区优先权形成的空间特征表现为从北达科州向南的扩张。最终的结果是发展起双重水权制度，并试图将这两种制度结合在一起（Hutchins，1971）。

北达科他州立法机构1866年开始实行河岸权，1881年颁布法令在一定程度上认可了优先占用权，在1905年颁布的“领土法规”，明确地认可了优先占用权，开始采用双重水权制度（Hutchins，1962）。直到1963年，北达科他州废除了未使用的河岸权，但对于1963年之前已经存在的河岸权给予了认可，采用单一的优先占用制度，与得克萨斯州双重水权制度的演变类似。与此水权制度演变方式相同的州还包括南达科他州、堪萨斯州（Peck，Rolfs，Ramsey and Pitts，1988）。最终将已存在的河岸权融入到了优先权体系中，并赋予了其优先日期，取消了未实行的河岸权，由河岸权和优先权共存的制度转变为单一的优先占用权制度。

俄克拉荷马州的水权制度演变过程与加利福尼亚州的双重水权制度演变过程类似，河岸权与优先权同时存在，并处于平等的地位。1890年，俄克拉荷马州立法机构将普通法中的河岸权编入法典，在法律上认可了河岸权。水资源较为丰富的东部区域，河岸权对水资源的配置发挥了较好的作用。而在东经98°以西的干旱区域，河岸权不再适用，为了满足灌溉用水，1897年，法律规定允许依据优先占用原则获得水资源，并对河岸权进行保护，在未经河岸权人的同意下不得优先占用水资源（通过征用而优先占用的水资源除外）。而这一规定在1905年的法律中被遗漏，1909年俄克拉荷马成为州后又恢复了这一规定。然而1910年这一规定又被取消，最终到1925年，立法机构认可了俄克拉荷马成为州之前的（1907年）所有的有益利用的水权。1963年的水资源改革中，法院将河岸权人的用水仅限于家庭用水。河岸土地所有者想要获得非家庭用水权只能通过优先占用，出于有益利用目的建立新的用水优先权从而获得水权。而且新建立的水权受到水量是否充足的限制，其优先次序在之前所有的优先使用之后。因此，水权制度转变为单一的优先占用制度，除了保留了河岸土地所有者家庭用水的权利。直到1990年弗朗哥和美国（Franco - America）案例中，几乎处于废除边缘的河岸权重新受到了法律承认，自此以后俄克拉荷马州再次实行双重水权制度，即河岸权制度和优先占用制度同时存在。恢复双重水权制度之后，法院迫切地寻找一种方法使得在理论上完全不同的两种制度相互协调。最终，法院决定，俄克拉荷马州在法律上认同修改后的河岸权，但是并没有废除河岸权，而且法定的优先占用权同时存在。并作出相应规定：合理的、非家庭使用的河岸权比所有的优先占用权有优先权；河岸土地所有者任何时候都可以建立或扩大非家庭用水的使用权，对于建立的河岸权，不受固定水资源使用量的约束，根据优先占用权中“谁先占用水资源谁就有优先使用水资源的权利”，由于河岸权具有最高的优先地位，因此，即使在水资源短缺的情况下也有对水资源的使用权，而且如果河岸权人不使用水资源就会丧失河岸权；当河岸权与优先权发生冲突，依据“相对合理性”原则进行裁定；河岸土地所有者也可以申请优先占用许可，一旦申请许可，那么就意味着他放弃了他的河岸权（Helton，1998；Allison，2012）。自此，建立起河岸权和优先权共存的双重水权制度。

综上所述，美国中西部地区，水权制度的主要类型为：

（1）同时存在三种水权制度类型（河岸权、优先占用权、水量比例水权）：俄克拉荷马州。

（2）存在两种水权制度类型：

①将河岸权并入优先权体系的优先占用权制度、水量比例水权制度：堪萨斯州；

②单纯的优先占用权制度、水量比例水权制度：怀俄明州；

③河岸权、水量比例水权：阿肯色州；

（3）将河岸权并入优先权体系的优先占用制度：北达科他州、南达科他州、内布拉斯加州。

（4）单纯的优先占用制度：蒙大拿州。

（5）河岸权制度：爱荷华州、密苏里州、路易斯安那州。

5.3 澳大利亚水权制度演变过程——以墨累—达令流域为例

5.3.1 澳大利亚水权制度整体演变概况

1788～1900年，澳大利亚属于英国殖民地，1901年殖民结束，成为一个独立的联邦国家。移民在澳大利亚人口中占很高的比重，多数澳大利亚的祖先是19、20世纪的英国移民。澳大利亚是世界上最为干旱的国家之一，2/3国土面积属于干旱、半干旱地带。内陆大部分为沙漠，东南部和西南部为温带，北部为热带。其年平均降水量只有470mm，降水地区分布不均，有近40%的地区的年降水量不足250mm，水资源较为稀缺。东部地区的大分水岭将澳大利亚分成经济特征不同的两部分。以东部分——水资源相对充足的东南沿海地带，气候适宜人类居住和耕种，大部分人口集中在这一地区。以西的半干旱地区以农业为主，人口相对稀少。中部大部分地区不适宜人类居住。

在18世纪英国殖民时期，澳大利亚最初的水法在英国普通法的基础上建立起来（Fisher，2000）。在殖民地采用的普通法的影响下，澳大利亚继承了普通法中的河岸原则，邻近水源的土地所有者有权使用水资源并且有义务保护这部分水资源，而且只能将水资源用于河岸的土地（Gardner，2003）。

然而，在半干旱的气候条件下，这种在本质上属于私有的、无水量限制的用水原则是不适用的、不符合实际情况的。19世纪中期，澳大利亚城市人口密度逐渐增大，在河岸原则下，已经不能够满足为了获得水权而对流域、水库等相邻土地的占用。此外，英国殖民者的原始农场被勤劳的约曼人占据用以进行农业生产活动，19世纪80年代的“土地选择法案”进一步推动了农村地区对这些原始农场的挤占。在占有者看来，优先占领了土地，就获得了其内在包含的水权，反映出美国西部优先占用权的特点。同时，在18世纪50年代以后，黄金的发现使得大量矿工以及其他一些来自美国西部的移民涌入，其中包括查菲（Chaffey）兄弟——将大面积灌溉引入墨累山谷，由于矿业必须有足够的水资源来维持，此时的河岸权对矿业的发展造成了极大的限制。正如菲诗和鲍威尔（Fish and Powell）所指出，在维多利亚黄金潮时期，伴随着矿业的发展，许多农村的水资源被矿区所征用，已经达到了这种程度：

矿业强调水资源的重要性，并且在干旱的气候条件下矿业对于水资源的管理在法律、政治、行政管理等方面是不同的。在18世纪50年代，许多地区虽然本身不支持矿业，而将水权卖给矿区来获得利益，这与当时的法律制度是相悖的，当时的法律规定特定的水资源使用权可以任意与直接的生产活动联系在一起（Powell，1976）。

此外，伴随1877～1881年干旱的发生，矿业、灌溉以及城市化对水资源使用的竞争最终推动了法律制度的变化，导致了1880年《水资源保护法》的颁布。随后形成的城市供水的灌溉信托原则以及之后的大规模灌溉只是澳大利亚历史上的一段小插曲，建立了私人所有的灌溉公司，对供水系统进行控制。因此，随着水权制度的发展，使得政府越来越意识到水资源的管理应该依赖于公共管理。

19世纪末，澳大利亚各个殖民区对水资源管理进行公开调查，所有的这些调查都支持通过制定成文法管理水资源来取代河岸权制度，由政府负责水资源管理，通过行政手段赋予水资源的用益物权。例如，维多利亚州在继1884年皇家委员会对水资源供给进行调查之后，规定王室（政府）对水资源有至高无上的权利，并通过政府授予的方式获得水权，大多数立法机构明确规定将水资源的授予与农村的土地灌溉面积联系起来，按比例分配水资源，其在本质上属于水量比例水权制度。1886年，《维多利亚灌溉水法》正式颁布，对水资源的所有权和使用权做了明确规定，水资源属于州政府所有，州政府有“拥有、使用、分配”水资源的权利。其他的州的水法都是以其为基础建立起来。南威尔士的第一部水权法诞生于 1896 年，但是第一部综合性的水资源法律是 1912 年的水法。其水法中也明确规定，水资源属于州政府所有，并由政府进行管理和分配，按实际需求分配水资源，实行水量比例水权制度，而在水资源短缺时期，建立了水资源使用等级和时间上的优先顺序，河岸土地所有者的用水仅限于家庭使用［Water Act（NSW）7（1）(a)，1912］。而且水法中规定所有的取水都必须获得许可证，许可证是有固定期限的，可以被更新、修改或是取消。许可证通常没有对水资源量进行限定，而是根据供给的土地的面积确定水权，按需求比例配置水资源。此时，水权制度的重要变化是由河岸权转向水资源州政府所有，并由政府负责按比例（面积比例、需求比例）分配水资源的水量比例水权制度，而且用水权需通过申请许可证来获得。

之后，在近代对法律进行的修订中，规定对政府增加或给予保证的水资源收取水资源供给费用。并且制定了定量的水资源分配方案，在可用的水资源承受能力下对总取水量进行限制，在计量水量的基础上，将可利用的水资源在用户间统一配置。例如，在 1977 年，南威尔士引入了水权计量，在受管理的河流上实行水权计量分配［Water Act（NSW）(20W)，1912］。通过水量的计量为水量比例水权的实施提供了有效的计量手段，水量比例水权更加完善。1986 年之后许可证的持有者之间可以进行短期的水量交易，也可以进行许可证本身的永久性交易［Water Act（NSW）（20AH)，1912］，同时进行整体的水资源规划。

最初，政府的灌溉规划并不包括在此种水权制度下。水法中特别规定的一些灌区，其灌区土地私人所有，由政府所有并经营的供水设施提供用水，用水不需要申请许可证。在有些灌区有单独的灌溉法案，其灌区土地属于政府所有，政府建立供水基础设施并为灌区土地供水，政府将这些土地租给农民，这些灌区的用水也不需要用水许可。不管是水法中特别规定的土地私有的灌区还是土地属于政府的灌区，这些灌区中的农场都有所谓的水权——每年或多或少的供给一定量的水作为最小保证供给量（Tan，2000）。在大多数年份中，当有额外的水资源时，能够供给比这种水权规定的水量更多的水资源，灌溉公司开始依赖这些额外的水资源。灌区水权制度的特点是政府通过将土地租给农民而每年定量提供以最小需求量为底线的水资源量，而不需要申请用水许可。

因此，目前在澳大利亚，除了保留下来的仅限于河岸土地所有者家庭用水的河岸权，水权制度属于水量比例水权制度，水资源使用需要申请用水许可，而且开始对水权进行计量，并允许水权进行短期的或长期性的交易。灌区用水，则通过租赁土地由政府负责提供最小需求量以上的水资源量，水资源的使用不需要再申请取水许可。

5.3.2　墨累—达令河流域水权制度演变

墨累—达令河流域是澳大利亚最大的流域，位于澳大利亚的东南部，包括新南威尔士州、维多利亚州和南澳大利亚州。流域以亚热带干旱、半干旱气候为主，大部分区域是地势低平的内陆地区，整个流域的降水量变化大，全流域年平均降水量大约为425mm，源头区年降水量达1400mm，中游的奥尔伯里年降水量为600mm，而且降水的季节变化大，降水主要集中在冬春两季，占全年总降水量的2/3，整体上降水量较少，流域的水资源已经被高度开发利用。流域年径流量为 $240 \times 10^8 m^3$，其中将近一半通过蒸发和其他的天然方式所损失。可引用的水量大约为 $10.6 \times 10^8 m^3$，其中90%被灌溉所用。农业在墨累—达令流域占重要的位置，澳大利亚大约40%的农业生产来源于墨累—达令流域。流域水坝蓄水 $347 \times 10^8 m^3$，提供 1.47×10^6 公顷面积的灌溉用水，占澳大利亚总灌溉面积的70%。整体来看，墨累—达令流域降水较少，水资源主要用于农业灌溉所用。

在英国殖民时期，墨累—达令流域继承英国普通法的河岸原则。流域最早的农业生产活动本质上来源于欧洲的农业活动，包括畜牧业和种植业。19 世纪 50 年代的“黄金潮”吸引了大量来自美国西部的采矿者和其他移民，他们被认为是墨累—达令流域大面积灌溉农业的引进者。在富饶的土地上，充足的光照、貌似丰富的水资源条件下，灌溉农业在流域上迅速发展起来。19 世纪后期，随着农业和畜牧业的迅猛发展，用水量的增加，墨累—达令流域成为澳大利亚主要农业区，水资源矛盾逐渐变得突出，水权制度开始发生变化。

墨累—达令流域依据每个灌溉季节的引水来定义水权。由于河岸权对大面积灌溉的限制加之干旱的气候条件，各个州开始建立政府拥有水资源所有权的法定水权制度。1886 年，维多利亚州成为首个将河岸权制度转变为法定水权的州，州政府开始对水资源进行管理和分配，实行水资源的定量分配，开始实行水量比例水权制度。其他的州也开始在其基础上制定相关水法，逐渐实现水权制度的转变。但是河岸权的痕迹依然存在，河岸权尚可以用于家庭和生活使用，但是不能进行交易，也不能用于其他的用途。墨累—达令流域最主要的水权形式是用于灌溉的水权以及水权市场的发展。

20 世纪上半叶，墨累—达令流域的各州通过无偿分配水权并建立水库和灌溉设施等来吸引农民的到来，以发展流域的农业。直到 20 世纪 80 年代，政府对水权的过度分配造成了水资源的稀缺，对一些灌溉者造成了压力，此时，水权开始与土地所有权相分离，促使通过水权的交易来获得日益稀缺的水资源。在这种情况下，促使澳大利亚永久性水权市场建立起来。南澳大利亚、新威尔士、昆士兰、维多利亚州分别于 1982 年、1989 年、1889 年、1991 年建立永久性水权交易市场（Murray Darling Basin Commission，1995）。进一步的水权改革交易和水权登记发生在 20 世纪 90 年代，1994 年澳大利亚国会协议颁布之后，将水权与土地所有权彻底分离（Bjornlund，2003）。然而，此时每个州都制定了各自的水资源使用条件，以至于严重地限制了州与州之间的水权交易，此时永久性的交易占不到 1%。

墨累—达令流域各州政府比例分配的水权也称为水资源应得权利，即永久性水权，它规定了水权所有者所能消耗的水资源份额，即水权所有者获得的法定水权数量。但水权所有者现实中获得的水资源量依赖于水权的季节性分配，即每年配置给水权所有者的量，也称为暂时性水权。永久性水权的季节性配置不是固定的，其依赖于永久性水权的可靠性程度（决定优先获取水资源的高安全性权利或一般安全性权利）、流域用水的总限额、预期的径流量以及水库蓄水位。“高安全性水权”是指 100 年中有 95 年水权所有者使用的水资源季节性配置量与永久性水权相等。“一般安全性水权”有较低的可靠性，在过去的几年中，由于极低的水库水位和径流，许多这种类型的水权所有者无法获得季节性配置的水权，即每年的水资源量。因此，水资源季节性配置代表了安全的水资源量，不存在水资源使用的不确定性。概括来说，暂时性的水权交易通常是年内水量季节配置在不同用户之间的转移。暂时性水权的这种特点促进了水权的转换，2007 ~ 2008 年，暂时性水权交易占了总引水量的一半。随着水资源稀缺，许多州已经停止发放许可证，例如，维多利亚北部1995年开始已经停止发放用水许可证，新用户想要获得水权只能通过水权交易获得，因此，水权交易在墨累—达令流域已经占据了重要的位置。

除了州内实行水量比例水权，在整个流域水平上，墨累—达令河流域也存在水量比例水权。

墨累河流经南威尔士州、维多利亚州和南澳大利亚州，3个州共享墨累河的水资源。联邦政府没有水资源的所有权，水资源为3个州共同所有。这3个拥有各自主权的州对这条跨界河流独立性地用水行为造成了水资源使用的竞争和冲突。随着墨累河取水量的增加，水资源冲突日益严重。同时，由于缺乏公路和铁路使得墨累河成为主要的交通要道，然而随着灌溉用水的增加，对这条低流量的河流的航运和贸易造成了很大的危害。1914年，3个州在联邦政府的参与下签订了《墨累河水资源协议》，协议中制定了水资源共享的规则，3个州共同承担基础设施的建设，包括水坝、水闸等，并且共同承担花费的费用。该协议以定量的方式明确了3个州的水权权限。1917年成立了墨累河流域委员会，对水资源在3个州之间的有效分配进行监督和管理，并协调水闸等基础设施建设工作（Murray－Darling Basin Commission，2010）。通过协议的制定，墨累河流域的水资源最终实现了在三个州之间的定量分配。

5.4　典型国家水权制度发展规律分析

5.4.1　美国水权制度时空发展规律与路径依赖

1. 美国水权制度发展的时空规律

水权制度首先在美国东部地区发展起来，在英国普通法和拿破仑法典的影响下，开始采用河岸原则获得水资源的使用权。东部地区气候湿润，降水充足，水资源丰富，为河岸权的发展创造了适宜的环境，随着法院对河岸权的肯定，河岸权制度在东部地区逐步发展成熟。早期的水资源使用权与土地所有权相联系，对河岸土地所有者的用水几乎没有限制。之后河岸权经历了“自然流动”理论，由于这一理论的不合理性，因此很快被推翻。随着法院对帕尔默诉姆利干（Palmer v. Mulligan）案件的判决，由于局部的水资源冲突——包括最初是磨房的水能冲突以及后来者对先来者用水权利的影响等，将河岸权限制在“不影响老用水户用水”的范围内，而水量是充足的，对水资源使用量没有限制。这一原则得到不断发展，最终发展为现在的“合理利用”理论，即在“合理利用”的标准下，不对老用水户用水造成损害，那么河岸权人对水资源的使用就没有限制，“合理利用”原则中最基本的、必须遵守的最基本原则是“不损害老用水者的用水权”，其他的原则根据实际情况而定。河岸权由完全不受限制发展到受到越来越多的条件约束，但是在实行河岸权制度的地区水量始终是充足的，水量的使用不受限制。

随着美国国土的扩张，河岸权逐渐向西部扩张而被越来越多的地区采用。但是美国西部的气候条件与水资源状况相对于东部差异很大，随着矿业和大面积灌溉的发展，迫切需要建立一种更为适宜西部地区的水权制度形式，西南部最初为西班牙的殖民地，用于矿业法的先占原则被用到了水资源上。犹他州盎格鲁人的大面积灌溉开启了优先占用原则的发展历程，加之加利福尼亚州的“黄金潮”，促进了优先占用原则的发展和完善。这一原则相继被美国西南部的州所采用。亚利桑那、科罗拉多、内华达、得克萨斯、爱达荷和新墨西哥先后采用优先占用原则，原因在于这些地区气候干旱，为了满足矿业或灌溉的需要，迫使将水权与地权分离，使得不与河流相邻的土地也可以获得充足水资源，加之独特的社会背景，优先权开始发展起来。

随后优先占用制度向美国中西部扩张，逐渐被美国中西部的州所采用。最终形成了以东经 100°经线穿过的州为界限，以东地区实行河岸权（除了密西西比州），以西地区以优先占用权为主（还包括河岸权、普韦布洛水权以及水量比例水权）的水权制度分布格局。

以加利福尼亚州和俄克拉荷马州为代表，河岸权和优先权同时存在。不同的是，在加州，河岸权和优先权处于平等地位，两者之间的冲突通过“相对合理性原则”（以公共利益为标准）进行裁定，而在俄克拉荷马州，河岸权的地位要优于优先占用权，在水资源短缺的情况下，先减少优先权级别较低的优先权人用水来满足河岸权人的用水。

得克萨斯州、俄勒冈州和华盛顿州将已经存在的河岸权并入到优先占用体系中，对所有已经存在的河岸权进行登记，登记日期即为优先占用体系中的优先日期。而对未实行的河岸权则予以取消，由双重水权制度转变为优先占用制度，但维护了已存在的河岸权的所有者的利益。

普韦布洛水权（印第安人水权）在加州和新墨西哥州保留下来，其处于至高无上的地位，要先保证这部分地区的市政用水，而且水权量随着人口的增长部落的扩张可以不断增加。

在科罗拉多河流域、阿肯色河流域以及格兰德河流域，根据州间协议，将水资源在州间按比例分配，如前文所述，在这些州中，在流域层次上实行水量比例水权，而州分到的水资源则依据州内各自实行的水权制度进行分配。

综上所述，美国现在存在的水权制度类型主要包括：

（1）4种水权制度同时存在：加利福尼亚州。

（2）3种水权制度同时存在：

①普韦布洛水权、单纯的优先权、水量比例水权：新墨西哥州；

②河岸权、优先占用权、水量比例水权：俄克拉荷马州。

（3）2种水权制度同时存在：

①将河岸权并入优先权体系的优先占用制度、比例水权制度：得克萨斯州、俄勒冈州、华盛顿州、堪萨斯州。

②单纯的优先权制度、比例水权制度：内华达州、犹他州、亚利桑那州、科罗拉多州、怀俄明州。

（4）单纯的优先占用权制度：爱达荷州、蒙大拿州、密西西比州。

（5）单纯的河岸权制度：东部地区以及密西西比河以西的明尼苏达州、爱荷华州、密苏里州和路易斯安那州。

2. 美国水权制度发展的路径依赖

美国东部首先从英国殖民者手中独立出来，形成了最初的国土范围。受英国殖民者的影响，其东部的水权制度带有英国法律的色彩。东部地区最初采用源于英国普通法的河岸权制度，此种制度适用于水资源丰富的地区，而美国东部的水资源条件为河岸权的发展提供了适宜的条件，河岸权制度在美国东部逐渐成熟，并得到了法律的认可。最初河岸权原则的建立是为了解决局部的水能冲突（磨坊主之间的用水冲突），而对水量的使用没有限制。河岸权由最初的基本不受任何限制发展到最终的受“合理利用”原则的限制。

随着美国国土的向西扩张，河岸权制度也被其他一些地区所采用。包括中部地区的北达科他州、南达科他州、堪萨斯州以及俄克拉荷马州。这些地区兼有东西部的气候特征，最初也采用适用于东部地区的河岸权制度。但是美国西部与东部的气候特征有很大的差异，气候干旱，降水较少，因此河岸权制度在这一地区并不能发挥很好的作用。最初犹他州在进行大面积灌溉时就形成了“谁先优先占用水资源，谁就有优先权继续使用这部分水资源的权利”的“先占原则”。随着加州“淘金潮”出现，为了满足不与河流相邻的矿区的用水需求，受之前西班牙殖民者的影响，其矿业法中的“先占原则”也被投入到水资源的使用中，优先占用权逐渐发展起来，并得到了法院的认可。

在西部独特的气候条件下，加之实行优先权的流域均为面积较小的流域，便于对所有的优先权排序进行统一管理，因此，优先占用权制度逐渐成熟并成为美国西部独特的水权制度形式。而加利福尼亚州在实行新的优先占用制度的同时，由于西临太平洋，沿岸地区水资源丰富，因此并没有彻底废弃河岸权制度，而是赋予了其与优先占用制度相同的法律地位，在水资源丰富的河岸地区依然适用。俄勒冈州与华盛顿州同样也是如此，而西部其他州由于水资源的短缺而放弃了河岸权制度。同时由于普韦布洛部落早期在加州和新墨西哥州的定居，由于其强大的生产力，考虑到其对社会经济发展的贡献，其独特的水权形式——普韦布洛水权也被保留下来而且得到了法律的认可。中西部地区气候由于具有类似于西部地区干旱的特点，加之随着矿业和农业发展对水资源的需求，中西部的大部分地区也逐渐放弃了河岸权转而实行发展于西部的优先占用水权制度，将河岸权融入优先占用体系之中，在认可之前已经存在的河岸权的同时废弃了尚未实行的河岸权，仅剩下堪萨斯州依然认可河岸权制度。同时由于跨州流域的州间水资源冲突，历史上形成了一些相关的分水协议，例如科罗拉多协议、格兰德河流域分水协议等，将水资源在各州间按比例分配，因此在流域层次上存在水量比例水权制度，由于协议的长期有效性，此种水权制度也被保留下来。美国不同的州受历史文化、经济发展、气候条件的影响，形成了各自的水权制度形式，其中具有代表性的州的水权制度发展的路径依赖如下：

（1）4 种水权制度同时存在的州——加利福尼亚州的路径依赖

加利福尼亚州早期采用源于普通法的河岸权制度，河岸土地所有者拥有水权。犹他州先驱者盎格鲁—撒克逊人的用水规则开创了优先占用原则的先河，随着“淘金潮”的出现，当需要为与河流不相邻的矿区取水时，迫切需要建立另一种更适宜的制度。为了满足矿业和农业灌溉的需求，建立了更为适宜的优先权制度，通过法院的判决逐渐得以确认。由于加州毗邻大西洋，气候兼具东、西部特点，河岸水资源充足的地区，有利于灌溉农业的发展，因此，最终河岸权制度却没有被废弃，而是保留了下来，在河流沿岸土地继续沿用。而在不与河岸相邻的地区，为了矿业和经济发展，实行更为适宜的优先占用制度。同时早期存在的普韦布洛水权也被保存了下来。普韦布洛部落由早期的印第安人组成，这些印第安人具有很强的生产力，在西班牙殖民时期，统治者出于私心，赋予他们土地以及土地上附属的水资源，以获得更多的收益。因此，印第安人水权被保留下来，比优先权和河岸权具有更高的地位。此外，根据科罗拉多协议，加利福尼亚州获得了一定比例的水量，水量比例水权也被保留下来。最终形成了四种水权制度共存的局面。

（2）3 种水权制度同时存在的州——新墨西哥州、俄克拉荷马州的路径依赖

新墨西哥州原在西班牙的统治下，与西南部实行优先占用权的州一样，在西班牙和墨西哥法律下，水资源属于公共所有，并由立法机构进行管理。为了满足农业灌溉需求，在社区内修建灌渠引水，灌渠为社区所有，土地权与水权已经分离。矿区对土地的先占原则也被运用到水资源中，各矿区中形成了独特的水资源管理法。在此基础上优先占用权发展起来，并一直沿用下来。新墨西哥最早为印第安人部落，其水权形式——普韦布洛水权被保存下来，效仿加利福尼亚州中普韦布洛水权的安排，赋予其最高的地位。此外，科罗拉多河流域和格兰德河流域分水协议中，包括了新墨西哥按比例分到的水资源量，随着协议的有效性，比例水权在新墨西哥州同样也被保存下来。最终形成了为了适应气候条件和经济发展而采用的优先占用权，以及历史过程中保留下来的普韦布洛水权和水量比例水权。

而俄克拉荷马州在早期英国普通法的影响下采用河岸权制度，在该州的东部区域河岸权得到很好的应用。但是在西部区域，受气候条件的

限制以及灌溉用水的要求，河岸权不再适用，转而采用美国西部地区的优先权制度。河岸权一度处于废弃的边缘，仅保留了河岸土地所有者家庭用水的权利。在水资源短缺的时期，法院认为河岸土地所有者的用水权益受到了损害，认为这是与宪法相违背的。因此，直到 1990 年恢复了河岸权，并承认了河岸权的优先地位，但同时也对河岸权进行了限制，使其与优先权共同存在。由于俄克拉荷马州的气候兼顾东西部的特点，因此，并没有彻底废除河岸权而将河岸权保留下来。并通过协调机制，使得两种制度能够共存。依据格兰德协议，俄克拉荷马州分得一定比例的水权，其水量比例水权也保存下来。

（3）2 种水权制度同时存在的州——以得克萨斯州、犹他州为代表的路径依赖

得克萨斯州从墨西哥独立以后采用英国普通法的河岸权原则。在西班牙和墨西哥法律下，修建了灌溉水渠为社区服务，而且由地方管理者负责管理。对于不临近河流的土地用水由政府分配。此时水权已与土地权相分离，因此与河岸权出现了分歧。直到 1889 年灌溉法案中确定了优先权的法律地位，不与河流相邻的土地依据优先占用原则获得水资源，在这一阶段形成了双重水权制度，由于缺乏相关的协调机制，因此，河岸权与优先权的纠纷不断。1967 年行政裁决法案的制定，将双重水权制度转变为单一的优先占用制度，对所有的水权，包括河岸权和优先权进行登记，已经使用的河岸权的登记日期即为优先日，取消了未使用的河岸权。因此，未使用河岸权制度被废除了，但是保存了已经使用的河岸权所有者的利益。同时，科罗拉多协议的有效性保证了得克萨斯州以及犹他州水量比例水权的存在。

犹他州先驱者盎格鲁—撒克逊人在进行大面积灌溉时，从山区径流引水到居住的土地上满足灌溉需要，在用水时形成了一个规则：谁先占用水资源谁就有权使用水资源，这是优先占用权的初态，伴随着优先占用原则在西部地区的确定，犹他州也采用了这种原则。

（4）单纯优先权制度发展的路径依赖

爱达荷州与犹他州和内华达州一样，随着早期移民的到来，为了生存需要进行大面积灌溉而从河流中为不与河流相邻的土地引水，水权与土地权相分离，随着优先占用权在西部的确立和成熟，为了满足矿业和农业的用水需求，也逐渐采用了优先占用制度，并将其作为爱达荷州唯

一的水权制度。

(5) 单纯河岸权制度——东部地区水权制度发展的路径依赖

东部地区受英国普通法和拿破仑法典影响，采用河岸权原则。由于东部地区气候湿润，降水丰富，水资源充足，为河岸原则的发展创造了良好的环境条件。河岸原则保留下来并得到不断发展。由最早期不受限制的河岸权发展到现在的“合理利用”。但是在河岸权制度下，河岸所有人用水量不受限制，而是针对用水者的用水行为加以限制，河岸权人在使用水资源之前必须获得取水许可方能使用。

5.4.2　澳大利亚水权发展规律与路径依赖

1. 澳大利亚水权发展规律

殖民时期澳大利亚在英国统治者的统治下，其法律采用英国的普通法，同时沿用了源于普通法的河岸原则获得水资源的使用权。最初的澳大利亚人口较为稀少，且多居住在降雨丰富的地区，水资源矛盾并不突出，河岸权在此时期的澳大利亚尚可适用。但是随着澳大利亚人口密度的增加，以及矿业与之后大规模灌溉的发展，加之在干旱的气候条件，河岸权对需要充足水资源供给的矿业发展造成了极大的限制。在经济利益的驱使下，随着 19 世纪末政府逐渐意识到水权控制在河岸土地所有者的手里而且河岸权对矿业的发展限制，加之径流极大的不稳定性和干旱的自然条件，为了水资源得到有序开发利用，使得政府最终保持对水权的管理和分配，政府开始实行水量比例水权制度，根据用水需要或土地面积比例分配水资源。河岸权仅能够用于河岸土地所有者的家庭用水，受到了极大的限制。所有的水资源使用必须通过申请许可证，在水资源日益缺乏的情况下，有些地区已经不允许继续申请许可证，只能通过水权交易获得水权。为了维持水资源的可持续利用，对用水总量进行控制，澳大利亚开始制定水资源分配方案并采用水权计量，根据可供利用的水资源量来分配灌溉用水和环境用水，水量比例水权制度逐渐完善。而对于灌区，政府负责建立供水基础设施，而将土地租赁给农民，并提供保证水资源需求最小或更多的水资源量。因此，澳大利亚的水权制度由殖民时期的河岸权制度逐渐转变为水量比例水权制度为主的水权制度形式，水资源始终由州政府所有，并负责统一管理和配置。

随着水资源稀缺程度的加剧，水权交易逐渐代替许可证水权成为获得水权的主要方式，水权制度和水权交易市场逐渐完善。水权包括政府分配的永久性水权以及年内的季节性配置水权（短期水权），因永久性交易所需要的程序较为复杂，年内短期水权用户间的转让在水权交易中占很大比例。

在墨累—达令河流域，新威尔士、南澳大利亚以及维多利亚根据签订的协议共享墨累河的水资源，实现了水资源在 3 个州之间的定量分配，在整个流域水平上也存在水量比例水权。

2. 澳大利亚水权制度发展路径依赖

在澳大利亚殖民初期，在英国的统治下，采用英国的普通法，相应地，水权制度依据河岸权原则获得水资源的使用权。

随着矿业的发展、大规模灌溉的出现，以及干旱气候条件的限制，河岸权不再适用，严重阻碍了经济的发展。在经济利益的驱使下，各州政府通过公众调查最终确定由政府对水资源进行管理和配置。河岸权仅限于用于河岸土地所有者保留了家庭生活用水，替代河岸原则的是水量比例水权制度，由政府根据实际需要或相应的土地面积比例配置水资源，形成了水量比例水权制度并一直沿用至今。而在墨累达令河流域层次上，依据流域内各州签订的用水协议，实行水量比例水权并一直延续下来。

5. 4. 3　中国水权制度发展规律与路径依赖

中国的水权制度已经发生了很大变化。从 1980 年以前的旧的模式——国家拥有水资源，依靠政府计划—建造—经营的水利工程通过行政手段分配水资源转向近代的模式——制定水量分配方案、对低一级的政府分配取水和耗水定额、对微观取水者设置取水管理许可制度。1980 年以前，此时国家的经济体制使得水资源为国家所有，采取水资源公有制度，水资源矛盾尚不突出，用水量不大而且水资源污染也不严重，此时水资源的使用一是依靠水利工程供给，二是沿用历史上传统的用水习俗。没有正式的水权制度安排。随着经济的发展和人口增长，需水量越来越大，水资源供需矛盾越来越突出，水资源逐渐变得稀缺，此时，各地开始探索实行合理的水资源管理制度，加强对水资源的管理。随着黄河断流的出现，第一个水量分配方案出现了——黄河流域“87分水方案”，将可利用水资源量在沿黄河11个省（自治区、直辖市）间比例分配，开启了中国水量比例水权制度的先河。

随着一系列法律的出现，加强了对水资源的管理，逐步完善了中国的水量比例水权制度。现在中国的水权制度有三个主要特征：（1）国家所有：所有的地表水和地下水属于国家所有；（2）水资源等级行政分配：对可供人类利用的水资源——在保留了生态用水的需要以及考虑了经济可行性之后——在2015年、2020年和2030年的可利用的水资源，按照中央—省—市—县一级一级进行分配；（3）微观层次上的水资源使用权通过取水许可制度得到体现：根据《水法》（1988年第一次颁布，2002年修订），所有的取水者应该从水资源管理部门取得取水许可后方可取水。虽然从产权意义上来说将水资源在行政区间进行分配并不是严格的水权，但是从现实中水资源使用的权利这个意义上来说，可以将这种水权看作是一种准水权。这种行政分配的准水资源使用权是一种比例水权，即将水量按比例分配给水资源使用者。

历史上黑河流域存在的“均水制”最初是为了解决省际间的水事纠纷，但是最初的均水制并没有考虑生态环境的用水需求，满足上下游地区对水资源的需要，相反，水资源的过度开发利用还造成了生态危机。直到20世纪90年代，开始提出“新均水制”，即通过制定水量分配方案实现水资源在省际间的配置，既满足了上下游对水资源的需求，又保证了生态环境的需水量。在既定的时间关闭上游用水集中向下游供水，上下游在不同时间轮流用水，完成了上下游之间以及省际之间的水量分配。

5.5　本章小结

本章对美国、澳大利亚以及中国的水权制度发展过程和特征进行了研究，主要得出以下结论：

（1）美国东部水资源丰富，实行河岸权制度，其经历了“自然流量”理论、“不损害老用水户用水权利”，最终形成了“合理利用”原则，即不损害其他老用水户用水权利，其余的要求则根据情况而定，包括用水目的、用水方式等。西部水资源稀缺，在其独特的历史背景和水资源状况下形成了优先占用权制度，即谁先使用水资源谁就比后来者有优先权继续使用这部分水资源。此外，还存在普韦布洛水权制度、水量比例水权制度。有的州内实行一种水权制度，有的州内多种水权制度并存。

（2）澳大利亚最初水资源丰富，采用河岸权制度，随着水资源变得稀缺，政府开始对水资源进行管理和配置。根据水资源需求和土地面积比例分配水资源，并对水权进行计量，开始实行水量比例水权制度。水资源的使用必须申请用水许可后方可使用。灌区用水则由政府提供最小保证量以上的水量，其使用不再需要申请许可。

（3）中国实行水量比例水权制度，通过制定水量分配方案将水资源在行政区间进行分配。中央政府首先将水资源在省（直辖市、自治区）间进行分配，省（直辖市、自治区）再将水资源在下属辖区间进行分配，下属辖区再将水资源分配到县，实现水资源的层层分配。同时清朝时期存在的“均水制”也保留下来，黑河流域制定水量分配方案，上下游在不同的时间依次轮流用水。

第6章　典型国家水权制度效果评价

前一章对典型国家水权制度的形成发展过程进行了分析，在不同的水权制度下，水资源管理取得了一定的效果。这一章对典型国家水权制度的一般特征进行分析，并对实施的效果进行评价。本章在典型国家中加入了印度，因为印度作为比较落后的发展中国家，且其水权制度比较落后，与同样是发展中国家的中国水权制度形成对比，可以为其他发展中国家的水权制度改革提供借鉴。本节基于迪纳尔等（Dinar et al.，2005）建立的框架并参考阿拉尔和于（Araral and Yu，2013）运用的指标选择方法，建立了评价水权制度的概念框架，对这4个国家水权制度的一般特征进行分析，并对水权制度的实施效果进行评价。本研究在了解各个国家水权制度并进行评价研究方面填补了一个重要的空缺，并为各自的水权制度改革提供了参考。同时，通过对这4个国家的水权制度进行评价，可以为其他面临同样挑战的国家提供经验和教训。

6.1　技术方法

本研究所采用的水权制度评价框架借鉴了最初由萨雷斯和迪纳尔（Saleth and Dinar，2005）建立的概念框架以及阿拉尔和于（2013）运用的指标选择方法。

萨雷斯和迪纳尔（2004）提出了制度分解和分析方法，通常用于制度分解，尤其是用于水资源制度分解。水资源制度可以被分解为制度结构和制度环境。类似地，制度结构可以被分解为其法律、政策以及组织机构成分。这些成分又可以被进一步分解来强调它们潜在反应的制度方面。萨雷斯和迪纳尔（2004）将水资源制度分解为三个维度：①水资源法律（水资源来源之间的联系、水资源之间的联系、水权、冲突解决、私人的责任和权力范围）；②水资源政策（水资源使用的优先级、项目选择、成本补偿、水资源转让、流通量、私有化以及技术性政策）；③水资源组织机构（政府层次、水资源行政管理结构、财政/员工模式、信息能力以及技术能力）。这些方面也表明了这些因素之间的相互联系和动力学机制，可以用来理解水资源制度的绩效。

阿拉尔和于（2013）也采用了这个框架对亚洲 17 个国家的水资源管理进行比较。他们基于迪纳尔等（Dinar et al.，2005）建立的框架提出了包括水资源法律、水资源政策以及水资源行政管理三个方面的指标体系。他们一共选择了 19 个指标，其中包含了一些与水权相关的指标。指标的建立是根据在文献中以及政策讨论中频繁引用的水资源管理概念，以及被广泛接受的水资源管理的柏林原则的一部分。水资源法律被分解为 6 个因素：不同水资源的法律区别，地表水权形式，水资源部门工作人员的法律责任，水资源法律内部的分权化，私人和用户参与的法律范围，水资源综合处理法律框架；水资源政策包括 8 个因素：项目选择标准，与其他政策的联系，价格政策，私人部门的参与，用户参与，水法律与水政策的联系，对贫困和水资源的关注，水资源投资资金；水资源管理包括 6 个因素：组织结构基础、功能的平衡，独立水价体系的存在、责任和管理机制，水资源数据对于规划的有效性，科学和技术应用。

本节对 4 个国家的水权制度进行评价，借鉴上述研究经验，根据我们对水权制度的理解，水权制度可以被更进一步分解成几个相关的因素和指标。我们设定指标和相应评价原则所基于的假设是：水权制度的有效性、其理论上的合理性与实际实施效果成正比。在本节中，我们将不同国家的水权制度从两个方面进行比较：水权制度的一般特征与水权制度的实施效果。对于水权制度一般特征一共选取了 6 个指标：水资源所有权，水资源使用权，水资源所有权和使用权、取水权的关系，地表水权和地下水权的关系，水资源费（税）以及水权的可交易性。

水权即水资源产权，它包括水资源所有权、使用权、处置权和用益物权。就其本身而言，它是一组权利束（贾绍凤等，2012）。水权制度是定义、分配、调整、保护和实施水权，明晰不同政府之间、政府与用户之间、用户与用户之间权责利的一系列规则。当水资源对每个人是足够的并且不存在水资源竞争时，建立水权制度是没有必要的。但是随着水资源变得稀缺，用水竞争变得越来越激烈，此时，为了建立良好的水资源使用秩序、对水资源进行有效管理，建立水资源制度是非常有必要的。根据水权制度的定义，一种有效的水权制度应该对水权进行清晰的定义，包括对水资源的所有权和使用权均进行清晰界定。这是水资源稀缺条件下水资源管理的基础，也是水权交易必需的前提条件。在此种条件下，如果水资源的所有权被清晰定义而且有利于水资源的有效配置，那么认为水资源的所有权是有效的。此外，水资源的使用权也应该由法律明确规定。

水资源的所有权、使用权和取水权之间的关系也应当被考虑，因为它能够对所有者权利的保证以及用水者的用水效率产生影响。为了避免“公池资源”的过度开发，需要将水资源的所有权和使用权相区分且进一步将水资源的使用权细分到基层政府或用户是非常有必要的，而不是将水资源的使用权保留在高层政府手里。

水资源不仅包括地表水资源，还包括地下水资源。由于地表水和地下水在水循环系统中是相互联系的，因此应该将地表水权和地下水权进行统一定义。分别定义地表水权和地下水权将会导致权力的冲突以及低效的水资源使用和管理。合理的水权制度应该在地表水权和地下水权均进行清晰定义的前提下，进一步考虑它们之间的相互联系，应该将它们作为一个整体来对待。

另外，水资源费和水资源税是所有者权利的体现，并且通过征收水资源费（税）有利于更好地进行水资源管理。根据用水者的不同，通过行政手段或正式的法律制度，征收不同的水资源费（税）。征收的水资源费（税）用来补贴政府的水资源管理成本以及用于公共利益的保护，例如水环境和水生态系统的保护等。

水权交易作为解决水资源稀缺和水资源竞争问题的一种方式，倘若水权已经被清晰定义，那么通过水权交易则有利于对总的水资源使用量进行限制，而且有利于提高有限水资源的利用效率。水权交易的作用在于能够在水资源稀缺的条件下实现稀缺的水资源的重新配置以及实现水资源的高效利用。

除了上述所选取的6个指标以外，水权制度的实施效果可以从3个方面进行评价，即水资源需求满足程度、水资源冲突解决方法以及水资源保护。

一种有效的水权制度能够满足生态、社会以及经济等方面的需要。其可以从安全饮水的供给、环境卫生设施以及农业和工业用水的最优化配置程度反映出来。然而，水资源需求的满足程度也会受到其他因素的影响，例如水资源条件、社会经济发展程度等。但是，如果水权制度不合理的话，那么水资源需求满足程度就不会高。因此，水资源需求满足程度在一定程度上是可以反映出水权制度的实施效果的。

冲突解决方法指标表明是否存在明确解决一系列水资源冲突的方法，例如跨界的、州间的以及用户之间的水资源冲突。同时国家也应该有合适的强制性措施来保证政府或是法庭做出的解决水资源冲突决策的实施。只有存在这样积极性的水资源冲突解决方法，国家才能保证利益相关者的平等权利，并且保证水资源的合理配置。最后，一种有效的水权制度应该有利于保护水资源免于污染或过度开发利用，而且应该有明确的强制性法律手段来保证制度的实施。

本书选取的评价指标和相应的评价原则如表 6 – 1 所示。

表 6 – 1　　水权制度评价指标和评价原则

因素	指标	评价原则
水权制度特点	水资源所有权	水资源所有权是否清晰定义，在水资源稀缺的条件下是否存在在用户之间有效配置水资源的机制
	水资源使用权	水资源使用权是否清晰定义，是否基于法律原则将使用权在基层用户之间进行分配
	水资源所有权、使用权和取水权之间的关系	水资源的所有权是否与使用权和取水权相分离
	地表水权和地下水权的关系	根据地表水资源和地下水资源的相互关系，是否系统性地统一定义水权，对地表和地下水资源进行统一管理
	水资源费、税制度	政府的水资源管理成本是否能够通过水资源费、税制度得到补偿，公众的利益是否能够得到保护
	水权可交易性	在水资源稀缺条件下是否允许水权交易，并且发挥水资源配置的市场机制

续表

因素	指标	评价原则
水权制度实施效果	水资源需求满足程度	社会各方面的水资源需求在何种程度上得到满足。如果水资源需求满足程度高，那么说明水权制度在一定程度并不差
	冲突解决方法	是否存在相应的冲突解决方法以保证水权制度的实施
	水资源保护	对于水资源保护是否存在有效的、法律上的水权基础以及相应的监督机制

6.2　印度、中国、美国、澳大利亚水权制度评价

6.2.1　水资源所有权

1. 印度水资源所有权特征

印度水资源属于邦所有，但是《宪法》中规定中央政府对跨邦流域的水资源冲突有裁决权。中央政府通过设置特定的水法庭对邦间水资源冲突做出裁决。但是由于这些裁决往往缺乏权威性，所以邦对水资源的所有权并不是绝对的。因此，不仅水资源所有权的实施不明确，而且法律上对于水资源所有权的定义也是不明确的。《宪法》中的有关规定可以很好地解释这一点。

邦法律中第十七条规定，地表水资源所有权属于各邦。然而这项规定被《宪法》第五十六条和第二百六十二条所限制，其赋予中央政府为了公共利益管理跨邦流域水资源冲突的权利。然而由于中央政府缺乏强大的领导力加之民主政府的存在，直到现在，国会也不能有效地行使它的宪法权利（Richards et al.，2002）。这种状况导致长期的、综合的流域尺度水资源规划以及跨流域水资源管理的缺乏。例如案例研究中的恒河、卡佛里河、克利须那河流域，邦对水资源的既得权利导致上游水

资源的过度利用，而牺牲了下游的环境流量。此外，不断增长的城市化和工业化使得整个生态系统受到无法控制的污染（Das，2011；Venot et al.，2008；Anand，2007）。

而地下水权在很大程度上附属于土地所有权，为土地所有者拥有。为了应对大规模的地下水过度开采和地下水位下降，1986 年，在环境保护法的管理下，中央政府成立了地下水中央委员会（CGWB）。CGWB 作为最高决策机构负责监测、控制和管理国家范围内的含水层。自从 1970 年建立了地下水模拟法案开始，中央政府开始鼓励各邦政府建立各自的地下水法律框架。1970 年颁布了地下水模拟法案，随后在 1992 年、1996 年、2005 年、2011 年对其进行了修订。目前已经有许多邦，例如安得拉邦、比哈尔、果阿邦、喀拉拉邦、喜马偕尔邦、洛克沙威、本地治里、泰米尔纳德邦、孟加拉邦提出了自己的地下水资源管理政策。而更多的邦依然处于地下水法律起草中，几乎所有邦都开始对地下水的管理采取行动。2011 年最新的地下水模型法案被描述为“2011 地下水保护、节约和管理法”将地下水资源定义为公池资源，与最基本的人类权利相联系并与生态系统结合成一个整体（Cullet，2011）。法案认可了在邦地下水委员会的管辖下，地方政府对水资源进行有效管理的重要性。然而，CGWB 在联邦中的角色仍然只是停留在从邦地下水委员会搜集数据、给政府部门和各个邦政府提供建议以及执行国家政策以维持国家地下水资源的可持续管理（Cullet，2014；Cullet et al.，2011；Groundwater Model Bill，2011）。

2. 中国水资源所有权特征

中国《水法》（1988 年首次颁布，2002 年修订）中规定水资源属于国家所有。这种水资源所有权形式能够保证对水资源在整个国家范围内进行统一管理和配置。而且，中国通过建立水资源配置方案实现了水资源在不同行政区域间的配置。中央政府首先分配每个省的取水或耗水定额，每个省再制定下属辖区的用水或耗水定额，最终辖区再进一步将水分配到各个县。在流域层次上，总的取水量或耗水量定额通过流域委员会制定的水量分配方案进行分配。例如，在黄河流域，虽然有 9 个省（青海、四川、甘肃、宁夏、内蒙古、陕西、山西、河南、山东）在流域内，而 2 个省（市）（河北省、天津市）在流域外，但是它们均使用黄河的水资源，因此，黄河流域可利用的地表水资源量在这11个行政辖区内进行分配。中央政府制定决策和水量分配方案，而决策和方案的具体实施则委托给地方政府。虽然理论上分配按照层级一次进行，但是在实际操作过程中，各级地方政府对决策和方案的实施却是片面的，并不能保证100%地履行分配方案。最终结果是，各级行政区域间在政治上的讨价还价在一定程度上削弱了水资源的有效配置。

3. 美国水资源所有权特征

美国的水资源属于州政府所有，而使用权可以是私人的（Donohew，2009）。美国的水资源管理在很大程度上是分散的，州对于水资源管理有很大的立法权和自主权，而且州与联邦政府的关系也相对较松散，因此，形成了以州为基本单元的水资源管理体制。目前，美国在联邦层次上缺乏对水资源进行统一管理的法规，水资源管理体制以州法以及州际协议为主。美国宪法规定，联邦政府负责制定水资源管理的总体规章与政策，而由州具体实施，水资源的具体管理、配置、使用以及保护等工作都是由州政府负责。最初，联邦十分重视水利基础设施的建设，兴建了一大批水利工程并收到了很好的经济效益。但是20世纪末以来，由于联邦财政支出的减少，水利工程也逐渐由各个州负责建设。因此，目前联邦政府的职责仅仅停留在资助大型的水利工程、保护公共水资源的使用以及处理跨界河流的争端上（Joshi，2005）。当州间的用水发生冲突时，联邦政府负责出面协调，例如在联邦政府参与下制定的科罗拉多协议、阿肯色河协议以及格兰德河契约等，将水资源在州间进行合理配置。若经过协调不能解决，则诉诸于法律途径，通过司法程序解决。

美国对于地下水的管理要复杂得多，而且每个州对地下水资源的管理差异很大。美国西部的大多数州，目前还没有建立专门的制度和机构来解决地下水资源冲突以及因地下水过度开发利用而引起的环境问题。有关地下水管理和保护的法律以及制度体系在西部地区非常复杂，虽然地表水和地下水通常是相互联系的，但是地下水与地表水的管理通常是分开的。一些州对地表水资源与地下水资源管理采取不同的规则，即使在一些对地表水与地下水进行统一管理的州内仍然存在很多问题。

在东部地区，有些州则制定了专门的成文法来管理地下水的开发和利用。在现代的地下水资源管理中，其管理制度基本是借用地表水权制度或是传统的土地利用制度。目前存在的配置地下水权的原则主要有以下几种：

（1）绝对所有权

普通法中对土地实行绝对所有权，受其影响，美国有些州对地下水也采取绝对所有权。土地所有者拥有土地下面地下水的使用权，对这部分地下水资源的取用没有任何限制，可以随意抽取使用甚至浪费地下水，而不需要考虑使用的合理性，即使会对相邻土地所有者享有的地下水使用权造成损害。这种原则在水资源丰富的地区较为普遍，至今仍然被东部的部分地区（康涅狄格州、乔治亚州、印第安纳州、路易斯安那州、缅因州、马萨诸塞州、罗得岛州）以及得克萨斯州采用。此种地下水使用原则的优点是简单易行而且具有灵活性，它不需要制定任何规则，不需要取水许可，也不需要相应的行政机关来对地下水的使用进行管理。而这种原则的弊端在于缺乏安全性，地下水的使用没有限制造成了地下水的浪费。此外，这种绝对占有的原则也造成了地下水的使用缺乏效率。

（2）合理利用原则

在合理利用原则下，对地下水的取用做出了限制，地下水的利用必须符合“合理”以及“有益利用”的原则。土地所有者可以从他所拥有的土地抽取并使用地下水，但是他对地下水的使用不能损害相邻土地所有者使用地下水的权利，需要符合“合理利用”原则。目前，依据合理利用原则获得地下水资源的使用权的州有阿拉巴马、亚利桑那、阿肯色、佛罗里达、伊利诺斯、肯塔基、马里兰、密西西比、密苏里、内布拉斯加、新罕布什尔、纽约、北卡罗来纳、俄克拉荷马、宾夕法尼亚、南卡罗来纳、田纳西、弗吉尼亚、西弗吉尼亚。此原则相对于绝对所有原则增加了安全性，但是“合理”或“有益”利用的判断标准较难界定。

（3）相关性权利原则

随着地下水资源变得稀缺，在某些州尤其是东部的州，绝对所有原则已经被废除，取而代之的是相关性权利。在这种原则下，地下水资源属于土地所有者所有。土地所有者对于土地下面的地下水资源有平等的抽取和利用的权力，而且这种权力是相关的。土地所有者对地下水的抽取不能影响到其他土地所有者的用水权利。目前实行这种原则的州有爱荷华州、明尼苏达州、佛蒙特州、特拉华州以及夏威夷。

（4）优先占用原则

适用于地表水的优先占用原则在有些州也同样适用于地下水资源，即优先使用地下水资源的用水者优先获得水权，这种原则下，地下水的使用与土地的所有权无关。优先占用原则下，地下水资源属于州所有。这种原则主要被西部实施优先占用权的州所采用，包括科罗拉多州、堪萨斯州、犹他州、内华达州等。

在对地下水实行绝对所有权的州地下水资源属于土地所有者私人所有，在其余的原则下，不同的州其所有权的归属不同，地下水资源在有的州属于土地所有者所有，而有的为州所有。

4. 澳大利亚水资源所有权特征

1886 年《维多利亚水法》规定，水资源的所有权属于州政府所有，包括地表水资源和地下水资源。用水者只能拥有水资源的使用权。各个州内相关的管理机构负责水资源的保护、评价、规划、开发利用以及监督等工作，并负责州内水利工程的建设，例如水坝、供水、灌溉、防洪等水利工程的建设，并且可以得到很大的资金资助。而国家政府不直接参与水资源的管理工作。但是最近几年，联邦政府开始与州政府协作制定符合微观经济改革的国家政策。但是水资源的管理和开发利用依然是州政府的职责。因此，由于各州的独立主权特点，澳大利亚的水资源管理表现出明显的分散管理特征。

一般情况下，中国的中央集权形式以及所有权的国家所有似乎较为合理。中国的中央水资源管理机构能够更统一、更有效地管理和分配水资源，因此，在一定程度上可以避免水资源冲突。在印度，责任分散在多个机构，民主规则和官僚主义导致了多个利益相关者的冲突。而美国和澳大利亚的水资源所有权均属于州所有，联邦政府没有水资源的所有权，也不直接参与水资源管理，虽然缺少国家统一的水资源配置，但是由于美国州与州之间具有良好的协调机制，而且各个州都有各自的水资源法规和适合其水资源条件的水权制度，即使发生水资源冲突，也可以通过协商甚至法律手段得到很好的解决。因此，在一定程度上能够很好地实现水资源的配置。澳大利亚的水资源由州政府负责统一管理和配置，缺少国家水平上水资源的统一配置。总的看来，中国的水资源国家所有以及中央政府的统一管理更有利于水资源的统一管理和配置。

6.2.2 水资源使用权的特征

1. 印度水资源使用权

在印度，法律规定获得安全的饮用水是每个公民的基本权利（NPC，2002；MoLJ，2007）。但是随着有许多法律、规则和原则对水资源的使用开始进行管理，水资源的使用权通常受到了限制。由于邦有“管理水资源供给、灌溉水渠、排水、水库、水利和渔业的绝对权力”，因此农业、城市以及工业用水的供给落到了他们的管辖范围之内。邦通常有自由的立法权，在不伤害其他邦利益的前提下，为了任何有益目的可以自由使用其水资源份额。地表水资源供给主要由水利工程提供，而水利工程范围内的用水者自然拥有水权（GWI，2013）。

除了地表水，印度的农业灌溉用水和饮用水供给在很大程度上依赖于日益减少的地下水资源。地下水权附属于土地所有权，属于土地所有者的私有财产。这种内在的将地下水作为私有财产的观念造成了许多地区广泛的水市场的发展。在农村地区，拥有井的村民通常将水卖给其他人来获取利益。在过去的 10 年中，通过私人罐车运输，将地下水卖给市区的交易发展迅速。私人罐车运输的地下水通常来自于城市的边缘地区，对地下水的大量抽取造成了地下水位下降，并且对农业造成了严重的危害。除了这些方面，在许多农村的干旱地区，井通常由社区群体管理，但是井的使用却受到限制或是通过种姓制度进行分类使用。地位较低的种姓群体要么需要从不同的井中取水要么需要经过很长的时间才能获得水资源。因此，虽然政府通过制定政策来宣称所有的地下水资源都是“公池资源”，但是私有土地所有者和地方社区规则中仍然以自己的方式制定地下水管理方案来使用地下水。因此地下水作为一种公共资源，政府没有对地下水的使用作出清晰界定，地下水所有者可以任意使用地下水。在这种情况下，中央地下水管理机构（CGWA）提出了一系列的标准并于 2012 年 1 月 15 日开始实施，在许多区域允许控制性的抽取地下水，并由每个行政区的地方行政负责人负责监督。根据 CGWA

2009年的评估，CGWA根据各个区域制定和实施的地下水管理政策确定了若干地下水的警告区、非警告区、危险区以及非危险区。现在各个直辖市强制性地要求对于地下水的取用必须申请用水许可，许可批准后才能使用地下水（CGWB，2012）。

2. 中国水资源使用权

中国《水法》（2002）中对水资源的使用权做了清晰定义，而且对使用权的保护和限制也做了明确地规定，并根据水量分配方案和取水许可制度对水资源进行配置。水资源配置的三层结构，包括流域层次（水资源使用或耗水定额），取水层次（取水许可）以及在公共水资源供给系统中的终端用户，有利于实现水资源在相互联系的三个层次上的合理利用。因此，水资源使用权得到了清晰地界定。尽管在1988年第一部水法颁布之前，水资源的取用是不需要申请取水许可的，但是现如今，中国所有的私人取水者都应当遵守水资源规划，在获得取水许可后方能用水。在目前的水权制度下，根据水量分配方案，水资源的使用权可以分配到更小的行政区，通过取水许可制度，使用权可以再进一步分配到微观用户（Xie，2008）。在拥有取水许可的水资源供给设施范围内的所有用户均有水资源的使用权。但是由于目前水资源制度实施的效果并不理想，在水资源配置过程中仍然存在一些问题，水资源冲突也时有发生。为了实现更为有序的水资源配置，加强水资源管理仍然还有很长的路要走。

3. 美国水资源使用权

美国不同的地区采用不同的水权制度，获得水资源使用权的方式也就不同。在实行河岸权的州，水资源的使用权属于河岸土地所有者。随着河岸权许可制度的实行，河岸权人要向水行政管理部门申请用水许可，经批准后方能用水。实行优先占用权的州，根据水权的优先顺序，优先级较高的水权所有者先获得水资源的使用权。优先级较低的水权所有者能否获得水资源使用权取决于是否有剩余的水资源。同样，在加强水资源行政管理之后，首先需要取得取水许可才能用水。在普韦布洛水权存在的地区，其市政范围内居民拥有至高无上的水资源使用权，在任何情况下都可以获得水资源使用权，而且不需要申请用水许可，其使用权可以随着部落的扩张而增加。水量比例水权存在的地区，根据州间的协议，获得一定量的水资源使用权，获得水资源的地区根据其州内实际的水权制度形式对这部分水权的使用权再进行分配。而对于地下水资源，由于采取的管理规则不同，其使用权的获得方式也不同。正如前文所述，在实行绝对所有原则的地区，地下水资源可以任意使用，不受限制。而在实行合理利用和相对性原则的地区，地下水的使用需要符合相应的原则。而在实行优先占用原则的地区，则按照优先使用的顺序获得水资源的使用权。目前，在绝大多数州对地下水资源的取用需要申请取水许可，批准后方可取水。而在小部分州则不需要申请取水许可，目前这些州包括：加利福尼亚州、肯塔基州、路易斯安那州、缅因州、密歇根州、明尼苏达州、密苏里州、内布拉斯加州、纽约州、罗得岛州、堪萨斯州和西佛尼吉亚州。

4. 澳大利亚水资源使用权

保留下来的河岸权受到了很大的限制，河岸土地所有者仅可以将水资源用于家庭用水，而不能将水资源用于其他目的。州政府负责灌区的水利设施建设，并将土地租给农民，每年都提供不少于最低需求量的水资源供给，灌区内的用水不需要再申请取水许可（Haisman，2005）。除此以外，水资源的使用均需要申请取水许可。水资源的供给都是由政府部门负责。在水量比例水权制度下，政府按照实际需求的或是依据土地面积按一定比例配置水资源，并且进一步制定了水资源配置方案，并对水权进行计量，促使水权定量化。但是随着水资源日益稀缺，供需矛盾日益突出，许多地区已经不再允许申请新的取水许可。自 20 世纪 80 年代起，政府开始允许水权交易，在不允许继续申请新水权的地区，水资源的使用权只能通过水权交易获得。

印度的水资源使用权尚处于水利工程配置阶段，使用权界定不清晰。中国水资源的使用权通过水量分配方案实现了在行政区间的配置，通过取水许可制度将水资源使用权明细到了微观用户，水资源使用权界定明晰。美国不同的州实行水权制度不同，使用权的获得方式也不同，现阶段，不论是河岸权的取得还是优先占用权的取得均需要申请取水许可，水资源使用权也得到了清晰界定。但是美国地下水的管理较为混乱，各州的管理原则相差很大，地下水的利用处于较为混乱的状态。澳大利亚水资源使用权由各州政府负责管理和配置，同中国一样，通过发放许可证将水资源分配到微观用水者。而河岸权仅能够用于家庭使用，灌区的农民通过购买土地获得每年固定的水资源使用权。因此，中国、美国的地表水资源以及澳大利亚的水资源使用权均得到了清晰界定，而印度水资源使用权尚没有清晰界定。

6.2.3 水资源所有权、使用权和取水权之间的关系

1. 印度水资源所有权、使用权和取水权的关系

印度的地表水属于邦所有，通过邦建设的水利工程配置水资源。地表水资源的所有权和取水权均由邦政府所有，并没有分配到基层用户。水利工程范围内的用水者自然获得水资源的使用权。但是他们仅拥有所分配到的水资源的使用权而没有任何处置水资源的权利。因此，地表水资源的所有权、使用权和取水权实际上是没有分离的。对于地下水资源，其所有权附属于土地所有者意味着地下水资源的所有权、使用权和取水权没有分离。虽然政府制定了许多平等以及可持续性配置和使用地下水的政策和方针，但是许多地区的土地所有者仍然将地下水资源作为他们的私有财产任意使用而没有履行任何的责任和义务。这种状况导致了大量的非正规地下水市场的出现，并造成了地下水资源使用的低效率（Saleth，1998；Kulkarni et al.，2014）。

2. 中国水资源所有权、使用权和取水权的关系

在中国，由国务院代表人民行使水资源的所有权，而水资源的使用权则根据《水法》（2002）分配给各级地方政府和微观的用水者——地方政府依据上级政府的水量分配方案获得水资源，微观用户依据取水许可获得水资源的使用权。水资源的所有权由国家控制，而用户可以通过获得取水许可来使用水资源。因此，水资源的所有权和使用权是明确分离的，中国的水权制度一方面能够平衡国家和终端用户的利益，另一方面还能够保持水资源多样化使用的灵活性。

3. 美国水资源所有权、使用权和取水权的关系

美国的地表水资源属于各州所有，州通过制定州法对水资源进行

管理。不同的州采取的水权制度不同，其获得水资源使用权的方式也不同。在新的取水许可制度下，用水者通过申请取水许可，获得水资源的使用权。总的来说，水资源的所有权和使用权是分离的。但是普韦布洛水权除外，其对水资源的使用具有最高的权利。而对于地下水资源，美国的情况较为复杂。对于地下水资源的使用符合绝对所有原则、合理利用原则以及相关性原则的地区（Joshi，2005）。在实行绝对所有原则的州内，地下水资源属于土地所有者所有，所有权和使用权未发生。而在实施其他原则的州内，一部分州的地下水资源属于州所有，另一部分属于私人所有。在州所有的情况下，所有权和使用权是分离的，而对于地下水资源私人所有的情况下，所有权和使用权是未分离的。

4. 澳大利亚水资源所有权、使用权和取水权的关系

澳大利亚的地表和地下水资源都属于州所有，用水者可以通过申请取水许可获得水资源的使用权。灌区农民购买土地后，通过州政府修建的水利设施，每年获得定量的水资源的使用权，但无需申请许可。水资源所有权属于州，而使用权可以被个人或集体用水者通过一定的方式取得，说明澳大利亚的水资源所有权和使用权是分离的。此外，由于水资源稀缺程度加重，有些地区不再发放取水许可证，例如维多利亚的北部地区，可以通过水权交易来获得。而水权交易的前提就是水资源的所有权和使用权相分离。

相比于印度水资源所有权、使用权和取水权未分离，中国和澳大利亚的水资源以及美国的地表水资源的所有权和使用权已经实现了分离，一方面可以保障国家作为所有者的利益，另一方面可以促进水资源使用的灵活性，同时为水权交易提供了基础。

6.2.4 地表水权和地下水权的关系

1. 印度地表水权和地下水权的关系

在印度的水权制度下，地表水权由邦政府所有（MoLJ，2007），地下水权与土地所有权相联系属于私人所有（Iyer，2009）。地表水权和地下水权在法律上规定的差异对建立整体性、一致性的水权制度造成了阻碍。土地所有者将地下水作为私人财产并不能够使地下水过度利用引起的外部性内部化，因为地下水含水层的范围通常延伸到其他土地所有者的范围之内，而且地表水和地下水是相互联系的。于是，越来越多的含水层达到了不可持续开发利用的程度，根据世界银行的调查，如果目前这种趋势继续发展下去，到2030年，印度60%的含水层将会达到危急状态（World Bank，2010）。考虑到保护地下水这种“公池资源”的需要，各邦政府以及地方政府开始通过促进地下水的供给以及雨水的收集来对地下水进行补给（Groundwater Model Bill，2011；The West Bengal Groundwater Resources Act，2005）。在某种程度上，期望通过这些措施来建立地表水权和地下水权的联系（例如通过雨水的收集来补给地下水）。

2. 中国地表水权和地下水权的关系

中国的地表水和地下水均由国家所有，而且在实际过程中对地表水权和地下水权进行了统一定义（SCoNPC，2002）。由于地表水权与地下水权紧密联系，统一定义地表水权和地下水权可以避免割裂水循环的整体性，从而引起一系列相关的问题，例如水权不清晰定义等。

值得注意的是，在1988年《水法》颁布以前，中国对地表水资源与地下水资源的管理也很差，而且像印度一样，水资源也是通过水利工程供给的。随着社会经济的发展，生态用水在很大程度上被农业和工业用水挤占，造成了生态环境恶化。尤其是中国的西北地区，生态环境破坏严重，黑河、石羊河和塔里木河的尾闾湖都已逐渐消失。随着1988年《水法》的颁布和实施，明确定义了地表水和地下水资源的所有权和使用权，将地表水权和地下水权进行统一管理，并制定了取水许可制度，取水受到了更严格的控制。中国西北部地区开始制定水量分配方案，充分考虑到生态环境的用水需求，黑河流域、塔里木河流域，以及石羊河流域分别于2000年、2001年、2005年制定了综合性的生态修复方案，对地表水资源与地下水资源进行统一管理和规划。2011年，中国水利部制定了“三条红线”对水资源进行严格管理。严格控制耗水量，并对包括地表水和地下水在内的水资源总耗水量进行核查。通过加强管理，地表水资源和地下水资源均得到了很好的控制。西北地区的尾闾湖、新疆的台特马湖、内蒙古的居延海湖以及甘肃的青土湖都得到了很好的修复。随着地表水和地下水的统一配置，中国北部平原地区的地下水在整体上也得到了很好的控制。中国未来计划用南水北调工程的引水替代过度开采的地下水资源的使用。中国对地表水资源和地下水资源的统一管理是一个由管理不善到有效控制的渐进过程。

3. 美国地表水权和地下水权的关系

美国的地表水资源属于州所有，而地下水资源的管理较为复杂，没有对地表水资源和地下水资源进行统一定义。对于地表水资源，各个州采用不同的水资源制度进行管理，却没有制定相对统一的制度对地下水资源进行管理，导致了地下水资源管理的混乱状态，不能与地表水资源的管理相协调。虽然在有些州内地下水资源属于州所有，但是在大多数地区，地下水附属于土地所有权属于私人所有（Joshi，2005），而且没有统一的管理制度。由于地下水权的私人所有而且缺乏有效的管理，造成了地下水资源的过度开采以及地下水位的下降。于是，取水者加深钻孔并且使用更多的电力来取用地下水。在这种情况下，引发了地表的下陷、地表植被的破坏以及海水入侵。地下水的过度开采也对与其相联系的地表水产生了很大的影响，对地表水的使用者以及依赖于这些地表水的水生生物以及生态系统造成了损害。在加利福尼亚州以及其他西部地区，地下水无限制地使用严重阻碍了水资源的可持续管理。西部地区虽然禁止过度开采地下水，但是由于缺乏明确的法律规定，现实中很少州能够做到。而且随着人口增加，不透水面积的增加，使得地下水下渗减少，以至于降水对地下水的补给减少，地下水面下降越来越严重。目前，西部的地下水面已经下降了几百英尺。

4. 澳大利亚地表水权和地下水权的关系

与中国相似，澳大利亚的地表水资源和地下水资源均属于州政府所有，由州政府对其进行统一管理和配置，考虑到地表水和地下水的内在联系，将地下水和地表水进行统一定义。在澳大利亚西部、北部以及澳大利亚首都区，地下水资源开发利用遵循优先顺序（城市、家畜、家庭用水）。而在南澳大利亚，由于地表径流的间歇性，通常将地下水资源作为农业灌溉的主要来源。随着地表水资源竞争的加剧，地下水资源的开发也越来越多。由于地下水在农业灌溉中的重要地位，随着农业发展，地下水取用量迅速上升（Turral and Fullagar，2007）。2002 年国家土地与水资源审计统计资料显示，在南威尔士、维多利亚以及澳大利亚西部，1996～1997 年地下水取用量是 1983～1984 年地下水取用量的三倍之多。尽管在早期，澳大利亚积极采取行动对地表水资源进行定量计量，但是澳大利亚逐渐意识到大部分的地下水资源既没有许可证也没有进行定量测量。因此，应该对地下水的管理采取进一步措施，与地表水资源管理联系起来。根据国家土地与水资源审计的调查，澳大利亚进行计量的地下水资源总量仅占总的地下水用量的 14%。为了加强地下水资源管理，澳大利亚 1996 年制定了国家框架。其规定要确定出地下水的可持续利用量，根据可持续利用量来确定地下水资源的配置、使用以及限制用水量，强调加强地表水资源与地下水资源的统一管理。对地下水用量大的地区发放取水许可证并采取计量措施等（ARMCANZ，1996）。通过加强管理后，地下水资源管理获得了良好的效果。例如南威尔士 1998 年根据国家框架对其 98 个含水层进行了风险评估，确定出 4 个含水层水质恶化，32 个含水层存在过度开发利用的情况，最终对情况最差的 14 个含水层禁止继续取水。有针对性地提出了治理措施，使得地下水的情况有所好转。通过国家框架在不同地区有针对性地实施，提高了可持续用水量估算的准确性以及风险评估的可靠性。这一举措也在纳莫伊河流域的地下水管理得到了体现，地下水管理也得到了良好效果。

因此，中国和澳大利亚通过对地表水权和地下水权进行清晰、统一的定义以及统一管理，地表水资源和地下水资源使用状况已经变得越来越好。相比印度地表水权和地下水权相分离引起的统一性的管理政策实施的复杂性，以及美国地表水和地下水权的分离，虽然美国的一些州也对地表水资源和地下水资源进行统一管理，但是管理效果却不尽如人意，而且在国家范围内缺乏统一的管理规则，中国和澳大利亚的地表水和地下水统一定义和管理的水权制度具有更好的作用。虽然地下水管理在这些国家中都成为一个越来越大的挑战，而印度和美国大部分由于地表水权和地下水权分离，挑战则更加巨大。

6.2.5 水资源费（税制度）

1. 印度水资源费（税）

水资源费或水资源税可以看作是公共水资源管理的成本，它是总的水资源成本的一部分。根据卡纳库迪斯等（2011）的研究，有效的“完全的水资源成本”的主要内容应该包括直接成本（DC）、环境成本（EC）以及自然资源成本（RC）。水资源费（税）相当于自然资源成本。

目前，印度没有水资源费，只是对取水的单位或用户收取水费。印度的水费形式是多样的，水费的结构在各个地方是不同的。国家水资源政策（NWP，2012）强调在各邦应该采取平等的、有效的、经济的水资源定价，它由指定的水资源管理机构确定，以保证有效的成本回收以及水资源用户参与水资源保护的积极性。同时，NWP 建议采取有差别的定价来作为设定水费的一种有效形式。通常情况下，不同城市以不同的形式征收水费，例如，一次性收费、年度计租、水费、服务税，以及每月的水资源消费费用等。然而在一些城市，例如德里、海德拉巴、班加罗尔、金奈等，则采用阶梯式费用。而在坎普尔、印多尔、苏特拉、马杜赖等城市，则采用统一的按体积收费。在喀拉拉邦，采用线性收费结构。在没有计量设施的地区（例如加尔各答），通常对水资源使用者采用单一的按年固定收取水费的方式（Mathur and Sridhar，2009；McKenzie and Ray，2009）。然而，印度国家范围内水费有一个共同的特点，水价过低而不能补贴设施的运行和维修费用，导致较差的水资源服务以及较低的基础设施满足率。最后，无收益用水的高比重是大多数城市水厂运行的另一个主要障碍因素，导致了持续性的税收损失（Aggarwal et al.，2013）。

2. 中国水资源费（税）制度

中国《水法》（2002）中制定了明确的水资源费和水资源费收取制度，因此在一定程度上保证了水资源所有者的利益。在很长一段时间内，至少到 20 世纪 80 年代，中央政府以非常低的价格甚至免费提供水资源服务。但是从 20 世纪 80 年代以后，政府开始征收水资源费，并对水资源费进行合理定价（沈大军，2006）。政府对水费制度进行了重大改革，包括水资源费的征收以及税费决策等，将一个高度集中、官僚主义政策导向的制度转变为通过公众听证形成决策的合法的、合理的制度（Zhong，2008）。如今，中国意图将水资源费转变为水资源税。水资源费是通过行政手段收取，而水资源税属于法定税收，有更强的权威性和强制性手段来保证水资源用户及时缴纳水资源税。

3. 美国水资源费（税）制度

美国的地表水资源属于州所有，由各个州负责管理，不同水权制度下收取的取水费不同。随着水资源日益紧张，西部的优先占用原则和东部的河岸原则逐渐发展成优先占用许可制度和河岸许可制度。西部从 1890 年怀俄明州实施许可制度以后，除了科罗拉多州，其余西部各州都逐渐开始实行取水许可制度。在优先占用许可制度下，优先权人在使用水资源之前需申请用水许可才可以用水，而且在许可证发放之前需要交纳取水许可费用，即取水费。20 世纪中期开始，东部开始实行河岸取水许可制度，目前已有 20 个州采取了河岸取水许可制度。在这种制度下，河岸权人必须向水行政部门申请取水许可，凭借许可证用水，在许可证发放之前需交纳取水费（王小军，2008）。优先占用许可制度下的取水费与河岸许可制度下的取水费是不同的。优先占用许可制度下，取水费较高，与取用的水量相关，用水量越大，收费越高。而河岸取水许可制度下，取水费较低，与取用水量无关，只是针对用于申请和用水登记的费用，主要用于弥补水资源管理部门的管理成本，收费往往非常低，甚至不足以抵销管理成本（Jungreis，2005）。虽然《沿岸权许可法模范水法典》中建议各州收取的取水费应当能抵销政府的水资源管理费用，但是目前没有一个州的收费标准能达到此要求。

4. 澳大利亚水资源费（税）制度

澳大利亚水资源由州政府所有，各个州相应的水资源管理机构对其水资源进行管理。2007 年《水法》中对水费的收取做出了规定，授予竞争和消费者委员会在水的国家行动计划（NWI）的框架下研究制定和执行“水费和水市场”规则（池京云，2016），对墨累—达令流域的水资源管理做出了规定，其中包括水资源费的收取。其中第四部分“流域水费和水市场规则”第一节“水费规则”中详细规定了水费制定规则，并对水费的收取做了详细规定。第91款规定了水费的应用范围，例如，对灌溉设施、大体积用水、水资源规划和管理活动等应收取水费。第92款详述了水费规则，对其做了清楚的解释，制定的规则适用于流域内的州以及澳大利亚首都直辖区。水费规则属于立法性制度。第93款详述了水费规则的详细制定过程。例如，部长必须向澳大利亚竞争与消费者委员会咨询其关于制定水费的意见，而且竞争与消费者委员会需给予部长相关的参考意见等。由澳大利亚竞争与消费者委员会负责监督水费的收取以及水费收费规则的履行，并向部长递交监督结果报告（Australia Government，2007）。

目前，仅中国有水资源费制度，印度、美国和澳大利亚没有水资源费，只有取水费。美国不同的水权制度下取水费的收取不同，尚没有统一的法律对收费标准作出规定。澳大利亚有2007年《水法》为依据，制定了水费的收取规则。中国的水资源费在一定程度上有利于保证所有者的利益。中国的水资源价格制度清晰地表明了国家作为水资源所有权者的权利，以及表现了他们为了维持制度的功能和金融可持续性而建立“完全的成本回收”的目的。理论上，“完全的成本回收”是征收水资源费的最终目标，但是为了实现这一目标仍然需要很大的努力，例如加强征收水资源费的强制性措施。同时出现了将水资源费这种行政性收费转变为水资源税或法定性税收的意见。

6.2.6 水权交易

1. 印度的水权交易

20世纪早期，印度的许多地区已经存在了非正式的地下水资源市场。然而，在缺少有效的立法和政府政策的情况下，这些市场通常是自发的、非正式的、不规范的、地方性的和季节性的（Tiwari et al.，2013）。缺乏管理的非正式的水资源市场导致许多地区地下水的过度开发以及地下水平面的下降。许多农村土地所有者放弃了耕作，转而将水资源交易作为一种生活方式，将水资源从农业转向了城市或工业市场

（Rosegrant et al.，1994；Palanisami，2009）。另外，产权所有者也可以在流域内或流域之间进行交易。目前，在水资源交易中仅有很少的、小规模的私人部门参与，使得水资源服务得到了些许改善。水资源服务提供者之间的竞争以及与地方社区的紧密联系使得供水效率得到了提高（Cronin et al.，2014）。由于各个邦拥有他们的水资源份额，因此邦间从水资源充足的地区到水资源稀缺的地区的水资源交易在印度也发展起来（Palanisami，2009）。然而，由于政府缺乏主动性，邦间的交易受到了限制。另外，由于缺乏强有力的中央水资源法律，以及长距离输水的高额交易费用也阻碍了这些交易的进行。值得注意的是，在印度存在的仅仅是水资源市场而不是水权市场。所交易的是水资源商品而不是水权。因为地表水权（包括所有权和使用权）属于邦所有，以至于不存在水权交易主体，而且地下水权附属于土地所有权。因此，在印度没有真正意义上的、单纯的水权交易。

2. 中国的水权交易

同样，中国的水权交易仍处于初级阶段，而且水权交易制度还不完善。虽然中国政府已经建立了水权交易项目，但是这些水权交易都是以行政力量主导。例如，浙江省东阳市和义乌市区域性的水权转换，更确切地说应该是水资源供给合同。义乌市一次性支付20亿元从东阳市横锦水库买进每年5亿m^3的永久性水资源供给定额。义乌位于东阳市东阳河的下游河段，事实上，有足够的水流经义乌市，但是义乌市没有合适的地方建立水库来储存和管理水资源。因此，义乌从东阳买进的是水资源服务而不是水权。在黄河流域，同样也存在着所谓的水权转换案例。2003年以后，水权转换以“投资渠道衬砌并转换引水权”为特点。工业企业对引水工程衬砌渠道来防止水资源的渗漏，对通过这种方式节约出的水资源重新分配给出资渠道衬砌的工业企业（Wang，2012）。除了行政区间以及部门间的交易，在缺水的河北省张掖灌区进行的水票交易属于一种基于短期水资源使用权交易的水权交易方式，企图通过建立可交易的水资源定额使用权制度以减少灌溉的过度用水（Zhang et al.，2013）。然而，在现实中，这种交易形式的作用受到了限制。因为短期的水票交易不能减少已存在的水权的不确定性，不能保障水权购买者获得平稳的、长期的期望。为了对已经存在的水权交易进行管理，指导水权交易实践，2016 年 4 月，水利部颁发了《水权交易管理暂行办法》，对区域水权交易、取水权交易、灌溉用水户水权交易的要求做了规定，并制定了监督检查机制。这是第一部水权交易管理的制度，还需要对其进行完善。

3. 美国的水权交易

美国的水权交易市场较为成熟，而且各州有专门的水行政机构对水权交易进行管理，水权交易秩序良好。美国的水权交易首先在实行优先占用权的西部地区发展起来。1859 年，加州法院在麦克唐纳诉贝尔河和奥伯恩水务矿业有限公司（McDonald v Bear River and Auburn Water and Mining Co）案例中认为，水权可以像其他财产一样进行交易，肯定了水权交易的合法性。之后在 1862 年比特诉摩根（Butte T. M. v. Morgan）一案中对水权交易的规则做了进一步的规定，认为水权交易不能够损害他人的权利。1979 年开始，加州立法机关开始建立一系列的法律法规，推动了水权交易的发展。而东部实行河岸权的地区水权交易开始较晚，一是因为东部地区水资源较为丰富，没有必要通过水权交易进行水资源配置；二是因为水权与土地所有权相联系，单独的水权交易难以实现。直到 20 世纪 90 年代后，河岸许可制度实施以后，东部地区的水权交易也逐步发展起来。美国的水权交易类型主要包括：①水权转换，即水权买方为卖方的水利设施改造出资，卖方将节余出的水资源使用权转让给买方。②水银行，即水银行从拥有多余水权的用户手中购买、租赁水权，并将其出售或出租给需水者。③干旱年份特权与优先权放弃协议，其发生在城市与农场主或灌区之间。干旱年份特权是指，城市向农场主或灌区支付一定的价金，在干旱时期可以获得优先使用灌溉用水的权利。优先权放弃协议是指优先级别低的所有权人向优先级高的所有权人支付价金，在干旱时期，优先级别低的所有权人可以先获得水资源的使用权。④当优先权人的水资源不能满足需求或是处于更好的保护和利用水资源的目的，在不损害其他人利益的前提下，若行政部门同意，可以与其他人的水权进行交换，转而从他人的水源地取用一定量的水资源。⑤临时性水权分配，指交易期限不超 1 年的水权交易，期满之后又回复到原来的状态。⑥退水买卖，指经过处理的水仍然可以用于其他用途，用水人愿意支付对价，满足其用水需要。

美国的水权交易需要经过州行政部门的审查和批准，州行政部门主要从以下几个方面对水权交易进行管理。第一，水行政部门需要对水权交易对生态的影响进行审查，保证水权交易不能对生态环境造成损害；第二，不能对他人的权利造成损害；第三，对跨界和跨流域的水权交易进行限制；第四，在水资源极端稀缺的情况下，州环境保护署对水权的内容进行修改，必须首先保证生活用水，其次是农业用水（O. C. G. A，2005）。

美国的水权交易市场使得满足气候变化下日益增长的水资源需求以及强调依靠顺畅的、低成本的交易来应对更大的水资源供给变化成为可能。

4. 澳大利亚的水权交易

对水权进行清晰定义是水权转让的基础，而澳大利亚20世纪70～80年代开始实行计量水权，也为水权的转让创造了条件。水权市场在澳大利亚已经比较成熟。水资源使用者既可以出售永久性水权，也可以出售暂时性水权（一年的可用的水资源量）。水权交易必须符合已经制定的规则，而且不能给环境和第三方造成影响。这种水权交易制度下，有利于农民应对水资源季节性变化（通过每年配水量的暂时性交易），在通过水权交易保证了水资源供给的情况下，作出长期的结构调整，有利于促进农业的生产，并保证其稳定性。有证据表明，通过水权交易可以获得较大的经济利益（NWC，2008）。

由于对永久性水权交易的限制较多，需要经过一定的法定程序，经历的时间也较长，而且一些灌区的农民将暂时性水权的高度可靠性看作是避免未来不确定性的措施（Grafton and Peterson，2007）。因此，澳大利亚暂时性水权交易——将某一年可利用的水资源量的部分或全部转让，其在水权市场中占主要地位，据统计，澳大利亚的暂时性水权交易占总水权交易的2/3（NWC，2008）。这说明了大多数的水权交易是出于在既定年份为了适应水资源变化的需要而进行的，而不是为了长期的结构调整。此外，由于澳大利亚近年来降雨偏少，而且在墨累—达令流域为了保护生态环境和良好的河流状况，采取用水封顶措施，这些都促进了州际临时性贸易的发生。

为了维护水权交易市场的正常秩序，每个州的水法规中都对水权交易的程序做了规定。目前，澳大利亚采用的是政府的政策法规与交易双方合同相结合的方式对水权交易进行管理。水权交易制度的主要特点是：第一，水权交易不能对河流水资源的可持续利用以及他人的利益造成损害，必须保证生态环境需水量；第二，水权交易市场必须公开透明，目前澳大利亚主要依靠互联网提供交易信息，在网上进行水权交易；第三，水权买卖双方在谈判的基础上必须签订交易合同；第四，对于永久性交易，交易双方必须先向州相应的水管理机构提交申请，并附加相应的评价机构，由专门的评价机构做出综合评价，经批准后，在媒体上发布永久性的转让信息，最终由州水资源管理机构向买方办理取用水许可证，同时取消卖方的取用水许可证。

澳大利亚的水权交易以州内的临时性交易为主，水权交易方式简单，在网上即可完成交易。短期交易更为灵活。而且有明确的水权交易制度对水权交易进行规范，在一定程度上能够维护水权市场的秩序。自1993年以后，水权交易市场迅速发展，并带来了很好的效果，通过水资源的再分配，在一定程度上也可以缓解某些地区的缺水问题。例如，2005年，南澳大利亚通过从灌区购入18GL的永久性水权，为城市提供额外的水资源供给，在一定程度上缓解了城市的用水问题（South Australia Water，2006）。澳大利亚首都直辖区通过修建管道，从农村地区买入永久性水权，每年多增加了20GL的水资源供给，占每年水资源用量的30%。通过水权的交易，实现了水资源的再分配，提高了水资源的使用效率。

综上所述，印度已经建立了简单的、非正式的地下水资源交易制度，其中个人地下水的所有者以及使用者在交易中起着决定性的作用。中国的水权交易制度也处于初级阶段，政府在制定区域性水资源转换方案中起着关键作用。然而，私人用水者在这种水权交易中不能发挥任何作用。在这种情况下，中国和印度在水资源短缺的地区都应该考虑建立正式的水权交易制度，使市场在水资源配置中发挥积极的作用，最终实现有限水资源的优化配置和有效利用。而美国和澳大利亚的水权市场已经相对成熟，水权交易方式较为灵活且能收到较好的效益，为水权交易提供了内在动力。同时水权交易制度较为完善，在维持水权交易市场的良好秩序中发挥了重要的作用。

6.3　印度、中国、美国、澳大利亚水权制度实施效果比较

6.3.1　水资源需求满足程度

1. 印度水资源需求满足程度

印度国会在《水资源的权利和环境卫生设施的决议》中宣称："获得安全和干净的饮水以及卫生设施是人类最基本的权利，它对于完全享受生活以及全部的人类权力是必不可少的。"这一观点也被联合国大会（UNGA）采用（United Nations，2010）。这种权利包括自由和权力两个方面。自由包括获得安全和干净饮水的权利，且这种权利不受干涉。权力则包括为人们享用水资源提供平等机会的水资源供给和管理的权力（Salman，2014）。

亚洲发展银行2007年的一项研究发现，印度20个城市的平均持续供水时间仅为每天4.3小时，而且尚没有一个城市有全天的持续性供水（ADB，2007）。印度的水资源服务水平在城市和农村地区相差很大，有71%的城市家庭、31%的农村家庭有管道供水服务（GWI，2013）。印度的环境卫生条件也是有缺陷的（The Economist，2014）。2010年，仅有34%的人口享受到环境卫生条件的改善，其中有58%的城市居民享受到改善的卫生设施，而农村人口仅占23%（WHO and UNICEF，2012）。

麦肯齐和雷（McKenzie and Ray，2009）在对印度城市水资源供给的研究中发现，大城市中家庭管道供给率可达到近69%，小城市中达到45%，而在农村家庭中供给率仅为9%。此外，许多城市中的未计量用水占总供水量的25%～40%，给供水公司造成了持续性的损失。低水价引起的不可持续的收入差距使得大多数供水公司的水资源供给服务较差（Mukherjee et al.，2015）。所有这些因素最终导致了用水者对供水公司信任的丧失，并引发了用水者的不满。随着供水公司应对这一问

题的成本升高，使得他们交付水资源费的意愿降低。

此外，2010 年，印度灌溉定额为 635m^3/亩（Wescoat，2013），然而，灌溉水利用指数在印度仅为 0.41（FAOoUN，2015），而且印度的人均粮食产量较低，仅为 160kg/人。

2. 中国水资源需求满足程度

中国的城市通常有 24 小时的持续水资源供给，2013 年，城市和市镇的管道供给率分别达 96.7% 和 81.73%（MWRPRC，2013）。然而，城市提供的自来水仅有 83% 符合质量标准，大约 30 亿农村人口缺乏安全的引水供给（贾绍凤等，2014）。

2010 年，中国灌溉定额为 $63.15 \times 10^4 m^3/km^2$（MoWRoC，2013），灌溉水利用指数为 0.52（MoWRoC，2013），中国的人均粮食产量为 436.5kg/人（NBS，2013）。印度和中国作为两个粮食大国，中国的人均粮食产量几乎是印度的两倍，灌溉用水的利用效率较高。

3. 美国水资源需求满足程度

美国的水资源供给基本能够满足各方面的需求。根据 2010 年美国用水总量的统计，用水最多的行业是热力发电，年用水量为 $1.61 \times 10^{11} m^3$，其次是灌溉用水，为 $1.59 \times 10^{11} m^3$。2010 年总的取水量较 2005 年相比，下降了 13%，在水资源综合管理下，水资源的使用达到了一个平稳的状态。美国的家庭用水供给包括两部分：一是私人水资源的供给，例如利用私人所有的井水，或是蓄存的雨水作为水资源的来源；二是通过公共基础设施供给。大约仅有 14% 的人口以私人水资源为来源提供家庭用水，大部分人口主要依靠公共基础设施供水。而且所有人口均能获得持续的水资源供给。20 世纪 50～60 年代，随着人口的迅速增长，公共基础设施水资源供给总量增长了 50%，在之后的 30 年里增长了 23%，1990～2000 年间，增长了不到 12%，2010 年公共设施供水量与 2005 年相比下降了 5%。以公共设施供水作为水资源来源的人口数量从 1950 年占总人口数量的 62% 增长到 2010 年的 86%。公共设施供水的水资源 60% 来自于地表水，40% 来自于地下水。因此，在人口增长的影响下，公共设施供水量增加迅速，但在加强水资源管理之后，供给率有所下降（Mihir，2013）。美国的灌溉用水占了取水总量的 37%，倘若除去用水最多的热力发电部门，则占总取水量的61%。农业灌溉用水定额为 $62.99\times10^4m^3/km^2$，人均粮食产量为1175kg/人（NBS，2013）。此外，2010年灌溉用水相较2005年少了9%，而且由于2010年对自动洒水系统等节水灌溉设施的采用，灌溉面积比2005年增长了3%，农业用水效率较高。除此以外，工业用水占总用水量的4%，除去热力发电行业占8%。与2005年工业用水相比，2010年工业用水下降了12%。工业用水量的下降反映出工业生产过程中水资源使用的有效性，以及工业设施对水资源的循环利用。这些都是由一些地区水权的有限性以及环境管理要求所造成的。由于2008年美国经济萧条，用水在一定程度上也受到主要的工业用水部门产出量减少的影响，但是工业对水资源利用效率的提高是最主要的原因（Board of Governors of the Federal Reserve System，2014）。

4. 澳大利亚水资源需求满足程度

从年平均降水量来看，澳大利亚是世界上最为干旱的大陆。但是从人均降水量来看，澳大利亚却是世界上最为湿润的大陆。澳大利亚的水量供给是充足的，其存在的问题是水资源需求地区的可利用水资源的供给。澳大利亚对可再生水资源的利用程度较低，只有5%，而美国的利用程度达20%。根据澳大利亚统计局的数据，澳大利亚水资源很大一部分用于农业灌溉，其用水量占总用水量的49.6%，家庭用水仅占12.5%，其他的水资源供给，包括水资源污水和排水服务等，占17%。而且2008~2009年普遍的干旱的发生，水资源供给受到了限制，这一阶段的水资源消耗量为2000~2001年的2/3，虽然水资源供给量减少，但是通过加强对水资源的管理，各方面的水资源供给仍然得到了保证（Australian Bureau of Statistics，2010）。在水资源稀缺条件下，跨部门的水权交易也为生活用水等需水行业提供了水资源补给。澳大利亚人均粮食产量为1407kg/人（NBS，2013），相比之下，在这四个国家中是人均粮食产量最高的国家。2008~2009年在各生产部门中，每多增加1GL水，矿业增加的总产值最多增加到22.6亿美元。水资源是矿业的命脉，虽然矿业总产值最大，但是澳大利亚矿业用水所占的比例非常小，说明了矿业对水资源利用的高效性。

整体上来看，除了印度基本上没有持续性的供水而且水质得不到保障，中国、美国、澳大利亚的水资源供给基本能够满足社会各方面的水资源最基本需求，例如，饮用水的供给、环境卫生以及农业和工业用水。不论是在正常的水资源条件下还是在干旱条件下，最起码的生活用水也能够得到保障。美国工业由于水资源利用效率的提高以及农业灌溉方式的改进，需水量逐渐下降，澳大利亚的工业对水资源的高效利用使得用水效益大大增加。因此，这三个国家的水资源满足程度较好，生活用水、农业以及工业用水基本都能得到满足。

然而，除了水权制度对水资源需求满足程度有影响外，其他一些因素，例如水资源条件、经济水平等也会对水资源需求的满足程度产生影响。例如，中国水资源总量为 $2.8\times10^{12}m^3$，比起印度的 $1.87\times10^{12}m^3$ 要多很多。此外，中国 2014 年 GDP 为 1.04×10^{13} 美元，要高于印度的 2.05×10^{12} 美元。所有的这些因素都会对水资源需求的满足程度产生影响。但是如果水资源需求的满足程度高，那么水权制度一定不会对水资源的供给产生阻碍。因此中国、美国和澳大利亚较高的水资源满足程度表明了它们水权制度的实施比印度更为顺畅而且有较少的障碍。

6.3.2 冲突解决方式

1. 印度水资源冲突解决方式

正如在前一部分所讨论的，印度水资源由邦所有，任何地表水资源和地下水资源冲突都由邦裁定。然而，在跨邦的流域中，即使在印度独立以前，水资源使用冲突就是一个长期性的历史遗留问题。虽然《邦间水资源冲突法案（1956）》以及《河流委员会法案（1956）》中第 56 款二百六十六条规定，中央政府基于公平配置原则有权对流域综合开发进行干预和管理，然而邦很少能够履行这些规定。大多数的流域冲突由中央政府授予特定的法院进行裁决，这些法院的判决超越了高等法院以及其他法院的司法权（Bakshi n. d）。但不幸的是，现实正如斯里尼瓦（Srinivas Chokkakula）提到的那样，法院并没有制定合适的制度来确保判决的实施，而且由于这些法院与高等法院司法权的冲突，法院以及他们的判决效力被削弱了（Chokkakula，2012）。另外，河流委员会法案中规定中央政府一旦接受相关邦的请求，就会成立单独的流域委员会来为政府对河流发展规划的制定和实施提供意见。但是在这里河流委员会的作用仅仅是提供建议而不是提供裁决。如此薄弱的法律规定削弱了整个法律的效力以及他们的冲突解决能力。

印度已经在许多流域建立了法院来解决水资源冲突，例如在克利须那河、戈达瓦里河、纳尔马达河流域等。促使发生水资源冲突的邦主动寻求干预的主要原因在于随着区域发展对水资源需求不断增长，而水资源却日益稀缺。邦本应该寻求流域范围的邦间协作，但是邦却为了各自的权利和水资源份额而争辩不休。最终导致了对河流水资源的过度使用，造成了一些河流流域的封闭以至于水资源不能再继续使用，例如在克利须那河流域就存在这种情况（Venot et al.，2008；Anand，2007）。即使法院发出判决以后，对判决不满意的邦可以继续向高级法院寻求特定的请愿书（special leave petition），于是造成了法院判决实行的停滞，延误了整个判决的实施过程（ministry of water resources，India website）。现实中尽管存在详尽的议会框架，但是由于自由裁量权的存在、邦与邦之间讨价还价的权利以及宪法规定的不清晰，水资源冲突仍然是一个复杂的、从未停止的过程（Richards et al.，2002）。

2. 中国水资源冲突解决方式

中国《水法》（2002）对水资源管理制度进行了规定而且定义了通过政府行政管理手段解决水资源冲突的一般原则。在水资源冲突严重区域，高一级政府制定水资源分配方案以保证通过行政方式解决水资源冲突。在黄河流域的枯水年和枯水季节，河流沿岸的区域从黄河中提取并储存水资源，使得水资源竞争激烈。1998年以前，由于缺乏统一的操作和管理，一般情况下，上游河段优先引水，而没有慎重考虑下游河段用户的水资源需求。这是黄河20世纪90年代断流的主要原因。1998年，国家发展计划委员会与水利部共同颁布了“黄河水资源管理方法”加强对黄河主干流取水的统一管理。自此，黄河流域再没有出现断流的情况。2006年，国务院颁布了更具权威性的“黄河水资源管理规定”以加强黄河流域的水资源管理。

3. 美国水资源冲突解决方式

联邦的水资源开发项目与依赖于州法获得水权的非联邦项目之间存

在水资源冲突是不可避免的。依据宪法最高条款中的“优先”原则，在联邦法律与州法律发生冲突的情况下，以联邦法律为先。在 20 世纪 50 ~ 60 年代，高级法院对待州和联邦法律在水资源开发中各自的作用更偏向于联邦政府和扩大的保留下来的印第安人水权以及联邦政府在西部地区创立的水权，但是之后高等法院逐渐放松了早期的决定。

同时期，最高法院对于州间的冲突也制定了一些国家政策。美国宪法中考虑到了联邦制度的权力超出了每个州处理水资源冲突的权力，但是联邦制度的权力却没有包括州委托国会施行的少数权利，这样就会引发地区冲突。因此，宪法中对地区间的水资源冲突提供了两个明确的解决方式。第一种方式是，《宪法》第一部分第十章第三款承认州间协议以及“契约”（在美国殖民时期就已经被用来解决跨界争端）的持续有效性，只要这些协议和“契约”符合国会同意保证协议中牵涉到的任何国家利益的要求。第二种解决机制是《宪法》第三部分第二章规定的，通过最高法庭对州和其他州的水资源冲突进行裁定。通过许多高级法院对相关水资源冲突进行裁定，逐渐建立起了解决水资源冲突的原则，即在跨州流域内的各个州都有“平等享有”水资源的权利，而对于如何“平等的配置”则由法院根据许多相关的因素进行评判。

直到 1963 年，高等法院在对亚利桑那州诉加利福尼亚州（Arizona v. California）案的判决中形成了解决跨州水资源冲突的第三种方式，即国会在宪法的商业条款下实行其配置跨州河流水资源的权利（Muys，2003）。

4. 澳大利亚水资源冲突解决方式

澳大利亚宪法规定，联邦政府不直接参与水资源管理，因此水资源管理主要是州的责任（Haisman，2004）。澳大利亚同样面对着跨界河流的水资源冲突问题。以墨累—达令流域为例，墨累—达令流域跨越新南威尔士州、维多利亚州、昆士兰州和南澳大利亚州，流域的水资源被这四个州共同享用，由于各个州的主权地位，因此不可避免地会引起水资源冲突。为了解决水资源冲突，一直到 1914 年，州间才达成了“墨累水资源协议”（之后修改为“墨累—达令协议”）。协议对州的水资源的共同使用规则做出了规定，并且提出各州共同出资建设水资源利用基础设施（水坝、水闸、堤堰等）并且共同分担成本的要求。协议当事人包括各个州以及联邦政府。根据协议，各州要求建立墨累河流域委员会，由各个州各派一名代表组成，而这些代表均是相关水资源机构的首脑。协议规定在每个州建立“建设局”负责分配到的基础设施建设以及维护工作。而联邦政府在其中的作用仅仅是为水资源开发利用提供资金，而没有实质性的水资源管理作用。直到1988年，墨累—达令委员会制定了新的墨累—达令协议，协议规定委员会除了承担对跨界河流进行管理这一职责外，重点强调在流域水平上实行流域协调管理，并且强调水资源与其他资源的综合管理，但仍是以分流域的水资源管理为主。各种协议的制定也表明了在近百年州间水资源分享协议基本上是通过协商达成的，而不是由联邦政府强制性制定的，这样不利于从整个流域上制定综合性的水资源开发利用方案。通过协商制定分水协议的局限性可以从2008年各州对于墨累—达令流域的规划和管理决定开始引入联邦政府特定的权力中体现出来。州间分水协议往往缺少权威性，而且不能从流域整体利益上对水资源进行分配。而新的墨累—达令流域当局正在制定第一部全流域层次的水资源规划，其中将会包括怎样更好地建立流域规划、各州制定的流域规划的内在联系、怎样根据实际可用的水资源量来确定每年分配的水量、确定环境需水量的方法以及监管和强制实施这些政策的责任。企图通过流域层次综合性的水资源规划，加强水资源分配的确定性、综合性和强制性，以避免水资源冲突的发生。

印度和中国均需要加强有效解决水资源冲突的制度安排，并保证法律规定更好地实施。表面上看来，印度对于解决双方冲突已经有详尽的司法体系，但是事实上，中央政府分散的、薄弱的权利导致了冲突解决的不必要的延误。虽然中国有严格的纵向行政管理制度，但是需要加强横向冲突的解决机制以及解决行政区之间的水资源竞争（Moore，2014）。美国州间的水资源冲突依据州间签署的协议或契约解决，解决不了的则付诸法院，由法院进行裁决并强制性实施。而且最高法院已经开始发挥其宪法权利来进行州间水资源的配置。协议的存在、对于利益相关方的利益保护以及联邦政府的参与，在一定程度上能够很好地解决州间的水资源冲突，而且法院的判决具有强制性，能够从根本上保证水资源冲突的解决。澳大利亚的流域内州间协议通常是通过协商签订的，而且没有强制性的措施保证实施，因此，并不能够非常有效地解决水资源的冲突。

6.3.3 水资源保护

1. 印度水资源保护

印度很早就建立了解决水资源污染问题的法律，例如水法（1974）、水税法案（1977 和 1988）以及环境保护法（1986）。虽然这些法律都对水资源的保护进行了规定，但是却没有有效的制度来保证这些规定的强制性实施（Cronin et al.，2014）。而且，污染控制法案并没有包括对农业、矿业等造成的水资源污染的评价。对城镇家庭废水以及工业废水造成的污染进行评价的具体依据是国家的最小标准。但是对于由农地、矿区和工业区的排水造成的污染没有具体的标准（Murty and Kumar，2011）。印度依据国家水政策以及国家水任务（2011）来制定国家水资源相关政策以及水资源管理实践的指导方针，但是由于缺乏严厉的惩罚措施以及较差的实施状况，这些行为的有效性受到限制（Gareth Price et al.，2014）。

印度的中央污染控制委员会（CPCB）以及国家层次的相关部门有责任组织、监测以及控制国家范围内的水资源污染问题。根据 CPCB（2015）的报告，印度已经对流经 650 个城市中心的 275 条河流的 302 条河段的水资源污染进行了记录。此外，印度产生的总废水量为 5.07×10^5 MLD，而废水处理能力仅为 0.11×10^5 MLD，产生的废水总量远远超过了废水处理能力。而且，水资源的过度开发利用以及环境流量的不足加剧了水资源污染问题（Murty and Kumar，2011）。

2. 中国水资源保护

在中国，法律对水资源保护和水资源污染防治做了清晰规定。例如，《水法》（2002）第四章详细规定了对水资源的保护。同时制定了水价机制来防治水资源的滥用和污染。然而不幸的是，由于管理缺乏强制性，水污染问题仍然广泛存在。快速的工业化和城市化增加了水资源的消耗，废水以较大的规模排放。中国的地表水按功能水质标准分为 6

个等级（Grade Ⅰ，Ⅱ，Ⅲ，Ⅳ，Ⅴ，Ⅴ以下）。水资源等级Ⅰ表示原水，应该不惜一切代价对这种水资源进行保护。等级Ⅱ～Ⅲ水资源表示水质良好，可以作为饮用水的来源。等级Ⅳ可以用于工业用水。等级Ⅴ则水质较差，只能用来娱乐消遣和灌溉。2011年，根据这个等级系统，中国十大流域469条河段中，61%的水资源满足等级Ⅰ～Ⅲ国家水资源标准，25.3%满足Ⅳ～Ⅴ标准，13.7%尚未达到等级Ⅳ（Ministry of Environmental Protection，2012）。另一个紧迫的问题是没有为修复和维持环境问题预留出足够的水量，这一问题在塔里木河、黑河和石羊河尾闾湖的消失以及2000年之前黄河流域的断流情况中得到了体现。

3. 美国水资源保护

美国十分注重水资源的保护，有关水资源保护的水法主要有两部，一是1972年的《清洁水法》，二是1974年的《安全饮用水法》，分别于1886年和1996年进行了两次修正。

《安全饮用水法》的主要目的是为了保护公众健康，其次要的任务就是对作为饮用水来源的地表水资源进行保护，并规定了具体的实施细则。其中包括水资源配置、水资源处理以及地下水资源供给等相关的法律规定。《安全饮用水法》通过定义可能的污染物并制定这些污染物的最大水平目标（MCLGs），即低于某一水平或某一浓度不会引发健康危险，从而加强对水资源的保护。这为所有用水者供水系统中饮用水所允许的污染物最大浓度水平（MCLs）提供了基础。最初的《安全饮用水法》制定了各类水资源安全标准，着重于对受污染的水资源进行处理以最终符合这些标准。美国环境保护署负责《安全饮用水法》的实施，但是州可以申请相关的机构负责监管，到2004年为止，在怀俄明州和哥伦比亚特区成立了这种管理机构，但是它们也要接受环境保护署的监管。对于不遵守《安全饮用水法》规定的行为，对其采取强制性的措施，包括罚款、起诉以及发布行政命令等（EPA，2004b）。

1972年颁布的《清洁水法》建立了美国水资源的水质标准（WQS），包括河流、湖泊、河口、沿海以及湿地的水质标准（EPA，2003b）。水质标准包括三个主要内容：一是制定水体的用途，二是规定水质定量化的水质标准，三是制定保持水质的一系列措施。《清洁水法》包括两个主要项目：第一个项目是国家污染物排放消除制度

(NDPES)，第二个项目是总的最大日负荷（TMDL）。NDPES 是通过对地表水资源污染物的排放进行管理以维持《清洁水法中》规定的水质标准，NDPES 项目通过发放个别的或一般的排放许可证来实施。个别许可证是指排放特定的污染物的许可证而且包括该特定污染物的排放条件。一般许可证是指许多需要相同许可条件的类似污染的排放许可。美国环境保护署委派权威机构在州、地区、部落内实行《清洁水法》，目前已经有 46 个州和地区委派了权威机构来发放排放许可、进行检查监督以及实行强制性措施以保证项目的顺利进行，而这些机构受环境保护署的监管（EPA，2003b）。NDPES 项目对于违反规定的行为采取强制性措施，例如对于没有提交报告或是超过许可限制的违法排放行为进行警告或罚款，对于多次的、有意的刑事违法行为处以监禁等（Diane，2004）。

TMDL 依赖于基于水质的政策，强调尽管点源污染得到控制以后依然存在的伤害，意味着 TMDL 项目必须建立非点源污染的可允许负荷量，而这一负荷量很难确定和管理。TMDL 项目仅仅对受到污染水体的最大日负荷进行了定义，并详细规定了确定最大日负荷量的方法，但是项目本身并没有提供控制污染物的实施机制，因此，必须运用现存的管理项目例如 NDPES 项目来实施 TMDL。而且环境保护署建议每个州都应该提供 TMDL 实施方案，对于被确定的已经受到污染的水体应在 8 ~ 13 年内实施 TMDL（Perciasepe，1997）。

在美国水资源保护法律政策的实施下，过去的 30 年中，美国的水资源质量已经得到了很好的改善。但是 2000 年美国水质清单中显示，仍然约有 30% 的河流被鉴定为受到污染而且已经不能用于指定的用途。因此，水资源保护工作仍然是一个挑战，需要继续加强管理。

4. 澳大利亚水资源保护

澳大利亚的水资源保护属于各州政府的责任，由各州政府负责制定水资源保护的各种法律政策，而且设有专门的环境保护局（EPA）。例如，南澳大利亚州在 1993 年的《环境保护法案》以及 2004 年的《自然资源管理法案》中都对水资源的保护做了详细规定。1993 年《环境保护法案》定义了水资源保护区，在这些保护区中，地表水资源和地下水资源均有较高的水质要求，需要保护这些水资源免于污染。通过鉴定，南澳大利亚州一共有24个水资源保护区，并将这些保护区的名单交由环境保护机构。环境部部长有权命令对水体造成污染者停止污染并清理剩余的污染物。此外，部长也有权力指导人们采取措施以使造成污染发生的可能性最小化。对于不遵守部长命令者将会处以最高7.5万美元的罚款（公司最高处以12万美元）。2004年《自然资源管理法案》中从两个方面对水资源的保护进行规定。第一，将某一水体规定为特定的水体，并且规定保护措施，例如对取水的限制以及对影响水质活动的限制等。人们若想要从事这些活动需要从相应的部长那里获得许可。第二，规定了在相应的水体内或周围进行活动的人们的控制性措施。例如，将废水直接排入河道或湖泊或损害了河道中植被的生长，那么其将会被处以最高3.5万美元的罚款（公司为7万美元）（The Environmental Defenders Office，2011）。同样，在维多利亚州也存在类似的水资源保护法律，1970年的《环境保护法案》中对水资源的保护也做了相应规定，通过设定环境质量目标（包括水质标准）以防止环境的破坏，并且建立了相应的项目来对环境进行保护。法案同时也对维多利亚环境保护局的权力、职责和功能进行了规定，包括对法案实施的保证，对法案的执行的管理和命令，对州的环境保护政策（SEPPs）以及工业废物管理政策（WMPs）提供建议，发放许可证以及污染治理通知等（Environment Protection Act，1970）。其他的州和地区，包括昆士兰、南威尔士、西澳大利亚、塔斯马尼亚以及两个领地都建立了水资源保护的相关法律法规，并由各自的环境保护局（EPA）进行管理和实施。

中国和印度均有水资源保护法律，但是缺乏保证这些法律实施的强制性措施。考虑到水资源保护越来越大的挑战，两个国家都应该建立有效的制度安排，更重要的是建立保证这些制度顺利执行的强制性措施。而美国和澳大利亚均建立了专门水资源保护法规，而且最重要的是有保证这些法律法规顺利实施的强制性措施，例如罚款、行政处罚甚至严重情节者处以刑事处罚。相对于缺乏强制性措施的印度和中国来讲，在一定程度上保证了这些法律法规的有效性和良好的实施，水资源保护效果相对较好。但是这并不表明水资源污染在这两个国家已经彻底不存在，要达到法规要求的水质标准，仍然需要再进一步加强水资源的管理。

综上所述，对于印度，地表水资源和地下水资源的所有权均未清晰定义，而且水资源的所有权、取水权和使用权也是未分离的，没有对地表和地下水权进行统一定义。印度在全国范围内尚不存在水资源费制度，征收的水费不足以补充公共设施的运行和维修费用。也没有真正意义上的水权交易。而且水资源的满足程度较差，几乎没有一个城市有持续性的供水，生活用水尚不能得到保障。联邦政府虽然对邦间的水资源冲突有裁决的权利，但是缺乏强制性措施保证裁决的实施，政府权力的离散导致了冲突解决的延误。因此，水资源冲突并不能得到有效地解决。虽然有相应的水资源保护法规，但是缺乏保证这些法规有效实施的强制性手段，因此水资源的保护程度较差。

中国《水法》中对水资源的所有权和使用权均进行了清晰定义，使用权能够细分到微观用户。所有权和使用权是分离的，而且考虑到地表水和地下水的联系，对水权进行统一定义，有利于水资源的统一管理和配置。《水法》中对水资源费的收取做了规定，可以为政府水资源管理花费的成本提供补偿，而且政府有意图将水资源费转变为水资源税，使其具有更强的权威性。中国的水权交易尚处于初级阶段，目前并没有真正产权意义上的水权交易，政府的行政作用为主导，尚缺乏正式的水权交易制度。在中国的水权制度下，水资源需求满足程度较好，各方面的用水需求基本都能得到满足。中国在水资源紧张的地区制定了水量分配方案，有利于纵向行政区域间水资源冲突的解决，但是缺乏解决跨界河流水资源冲突的机制。同印度一样，虽然有相应的水资源保护法律，但是缺乏强制性的措施以保障法律的顺利实施，水资源的保护程度较弱。

美国的地表水资源的所有权和使用权均得到了清晰定义，而且是分离的，但是地表水资源的管理较为混乱，地下水资源作为一种公池资源，水权未得到清晰界定，导致了地下水资源的过量开采。而且也没有对地表水权和地下水权进行统一定义。美国没有水资源费，只是存在取水费。目前的取水费较低，尚不能补偿政府水资源管理的成本。其水权交易市场较为成熟，水权交易方式较多且灵活，有正式的水权交易制度来保证交易的正常秩序。美国的水资源需求满足程度较好，而且由于工业的进步，工业用水需求减少。水资源冲突首先在联邦政府的参与下协商解决，解决不了的则付诸于法律程序，判决具有强制性，能够保障冲突得到有效解决。美国制定了专门的水资源保护法律，并有相应的强制性手段和处罚措施以保证法律的实施，水资源保护程度较好。

澳大利亚水资源所有权和使用权均得到了清晰定义，所有权和使用权是分离的，而且统一定义了地表水权和地下水权，对水资源进行统一管理。澳大利亚没有水资源费，存在专门的取水费规则，有详细的取水费制定和收取规则。澳大利亚的水权交易较为灵活，交易过程简便，而且有透明的交易平台，交易市场活跃，以州内的临时性交易为主，同时有相应的水权交易制度维护交易市场的秩序。在澳大利亚的水权制度下，其水资源的满足程度较好，工业用水效率的提高促进了用水效益的增加。澳大利亚通常采用协商的方式解决水资源冲突，但是往往缺乏强制性的措施以保证协商结果的执行，因此，水资源冲突解决程度较差。与美国一样，澳大利亚有专门的水资源保护法规以及保障性措施，并且有专门的机构负责法规的执行，水资源在一定程度上能得到有效的保护。

总体来看，中国和澳大利亚的水资源所有权和使用权均得到清晰定义，而且是分离的，一方面能够保障所有者的利益，另一方面也利于保障用水方式的灵活性，有利于水资源的有序管理。同时对地表水资源和地下水资源进行统一定义，考虑全局的利益，有利于对水资源进行统一的规划和管理。虽然美国对其地表水的所有权和使用权进行了清晰定义，而且是分离的，管理秩序较好，但是地下水的所有权和使用权较为混乱，未进行统一定义，不利于水资源的统一管理，易造成管理的混乱。印度的地表和地下水权均未得到清晰定义，而且未进行统一定义，管理混乱。中国有专门的水资源费，能够为政府进行水资源管理花费的成本进行补偿，体现了国家作为所有者的权利。美国和澳大利亚的水权交易市场较为成熟，值得中国和印度借鉴。在各自的水权制度下，中国、美国和澳大利亚的水资源需求都能得到满足，而印度对于最基本的生活用水的需求满足程度仍较差。美国的水资源冲突解决方式较好，有强制性的措施保障决议的实施，对于缺乏强制性执行措施的印度、中国和澳大利亚来说，应该汲取美国解决水资源冲突的经验。美国和澳大利亚的水资源保护程度较好，制定了专门的水资源保护法律，同时制定相应的保障性措施以及相应的部门保证和监督法律的执行，这一经验值得水资源保护较差的中国和印度借鉴。

6.4 本章小结

基于萨雷斯和迪纳尔（2005）提出的将比较对象分解成具体指标从而建立概念框架的方法，并参考阿拉尔和于（2013）运用的指标选择方法，本研究将水权制度进行分解，建立了水权制度评价框架，对中国、印度、美国和澳大利亚的水权制度进行评价，得出的主要结论有：

第一，相比于印度和美国，中国和澳大利亚对水权进行了清晰定义，地表水资源和地下水资源均属于国家所有，这样的水权制度形式有利于水资源的统一配置和管理。

第二，中国和澳大利亚统一定义了地表水权和地下水权，这是统一地、有效地管理和分配水资源的首要条件。而在印度和美国，法律上对地表水资源与地下水资源规定的不同成为所有层次上对水资源进行整体性、一致性管理的主要障碍。

第三，水资源所有权、使用权和取水权在中国和澳大利亚是分开的，而在印度是没有分开的，美国部分地区地下水的使用权和所有权也没有分开。国家的所有权以及使用权的分离有利于国家层次上水资源的统一配置，同时给予了地方政府在水资源的使用中发挥灵活性的空间。

第四，印度、美国和澳大利亚不存在水资源费，中国有水资源费制度而且有计划将水资源费转变为水资源税。它体现了国家作为所有者的权利并且为保障公众的利益提供了支持。通过征收水资源费在一定程度上维护了国家作为所有者的权利。

第五，中国和印度目前的水权交易均处于初级阶段，水权交易中政府的行政手段色彩较浓，从而限制了基于市场机制解决水资源问题的能力。美国和澳大利亚的水权市场较为成熟，水权交易方式灵活多样，而且有完善的水权交易制度对水权市场进行规范，保证水权交易的顺利进行。中国和印度的水权交易应该借鉴美国和澳大利亚的先进经验，扩大市场机制在资源配置中的范围。

第六，中国、美国和澳大利亚较高的水资源需求满足程度表明它们的水权制度的实施比印度更为适合满足社会经济发展的需要。

第七，美国对于水资源冲突的解决方式最为有效，在协议无效的情况下诉诸于法律程序，通过法律手段解决，而且法院的裁决具有强制性，能够保证水资源冲突从根本上得到解决。因此，中国、印度和澳大利亚在解决水资源冲突的问题上应该借鉴美国的有效经验，通过法律强制性手段保证冲突的解决。

第八，中国和印度对于水资源保护的水权制度安排是不充分的，而且在城市化阶段，为了满足清洁用水的需求，也许在未来将会面对更大的挑战。美国和澳大利亚都制定了相关的水资源保护法律法规，值得注意的是，它们都有相应的强制性措施来保证这些法律政策的实施，这是保证水资源法律政策得以有效实施的强有力的手段，值得中国和印度借鉴。

同样值得注意的是，这些国家水权制度是不断发展的，尤其是中国。20 世纪 80 年代和 90 年代是水资源危机的两个主要时期，例如河流和湖泊的断流、水资源污染问题、城市供水中断以及农业灌溉用水的损失。但是从 20 世纪 90 年代开始，随着中国加强流域修复，制定水资源分配方案，而且在 2011 年采取了最严格的“三条红线”政策，水资源状况逐渐得到改善。虽然中国已从水法律和水政策的不完善逐渐转变为对水资源的严格管理，但是距离实现最理想的水资源管理状态仍然有很长的路要走。

第7章 中国水权制度改革建议

虽然中国已经建立了水量比例水权制度，但是目前的水权制度仍然存在许多问题。第一，中国有着960万平方公里的国土面积，水资源条件地区差异很大。多年平均降水量从东南沿海向西北内陆地区逐渐减少。在东南沿海地区，多年平均降水量大约1600mm，而在西北内陆的干旱地区，多年平均降水量甚至小于50mm。因此，在中国国土面积广阔、自然和社会差异较大，而且不同地区水资源差异较大的情况下，实行单一的水量比例水权制度有一定的局限性。对于水资源充足的地区，实行水量比例水权会增加制度成本而且是没有必要的。然而，对于水资源稀缺的地区，也许存在比水量比例水权更合适的水权制度形式。第二，中国虽然制定了水量分配方案，但是在水量分配的过程中由于缺乏有效的监管机制，政府之间的讨价还价影响了水资源配置的效果。第三，中国目前的水权交易中以政府的行政作用为主导，尚没有真正意义上的水权交易，而且缺乏正式的水权交易制度。第四，从中国的水资源冲突解决以及水资源保护状况来看，虽然中国有相关的法律法规，但这些法律法规的实施得不到保障，导致了水权制度在解决冲突和水资源保护方面的实施效果较差。此外，中国目前的水资源配置中，主要通过政府的行政手段实现水资源的配置，市场的作用很小，政府和市场的作用不能得到很好的平衡。这些问题的存在使得仍然需要对中国的水权制度进行改革和完善。因此，为了更好地对水资源进行管理，中国正在尝试对其水权制度进行改革（贾绍凤等，2012）。

7.1 中国水权制度的区域差异化选择

依据中国水资源分区，整个国家分为10个水资源一级区以及80个水资源二级区。基于保持大江大河流域的完整性原则，根据主要河流划分，一级区一共包括10个区域：松花江区、辽河区、海河区、黄河区、淮河区、长江区、东南诸河区、珠江区、西南诸河区以及西北诸河区。二级区基于保持子流域的完整性并且做了适当的调整后一共包括80个区域。

通过第4章的研究确定了河岸权、优先占用权以及水量比例水权制度的适宜条件，本研究基于中国水资源二级分区，将二级区多年平均降水量、流域面积、径流模数、人均水资源量以及水资源开发利用率值与相应的阈值进行比较，根据每一种水权制度的适用条件提出了中国可能的水权制度分区图。本研究中用到的降水数据是通过1979～2015年GPCP 2.2月降水产品得到的。二级区水资源数据来源于中国水资源及其开发利用调查评价报告（水利部水利水电规划设计总院，2008）。二级区的人口数据通过2011年统计年鉴可以估算得到。径流模数和人均水资源量可以通过相应的计算得到。

多年平均降水量、径流模数、人均水资源量以及WUR对河岸权制度有阈值限制，流域面积对优先权制度有阈值限制。因此，根据多年平均降水量阈值——700mm、径流模数阈值——$11.07\times10^4 m^3/km^2$、人均水资源量阈值——$1122.4m^3$/人以及WUR阈值——20%首先可以把适用于河岸权制度的区域划分出来。然后，基于流域面积阈值——$46930km^2$，可以把可能适用于优先权制度的区域划分出来。

中国河岸权制度适用的地区包括长江流域以南的地区，珠江三角洲和闽南诸河流域除外，以及松辽片区的绥芬河、图们江以及鸭绿江流域。这些地区的多年平均降水量在700mm以上，径流模数大于$11.07\times10^4 m^3/km^2$，人均水资源量大于$1122.4m^3$/人，而WUR低于20%。

这些流域的水资源很丰富而且水资源的开发利用率较低，符合河岸权制度的适用条件。但是在中国的南部有两个特殊的地区——珠江三角洲和闽南诸河流域。珠江三角洲的人均水资源量仅有$683m^3$/人，比相应的阈值低得多。闽南诸河流域水资源开发利用率为26%，高于河岸权的相应阈值——-20%。因此，河岸权在这两个地区是不适用的。中国的南方地区（除珠江三角洲和闽南诸河流域）以及松辽片区的绥芬河、图们江、鸭绿江流域可以直接采用河岸权制度，没有必要通过水量比例水权来定义更为复杂的水权形式。然而，在这些区域采取的河岸权制度与传统意义上的河岸权是有区别的。在这种河岸权制度下，河岸区域在取水许可制度的管理下，整个区域的所有水资源使用者均有使用水资源的权利。

中国缺水的北方地区适宜采取其他的水权制度类型。在这些地区，多年平均降水量小于700mm，径流模数小于11.07×$10^4m^3/km^2$，人均水资源量小于1122.4m^3/人，而WUR则高于20%。这些地区符合水量比例水权的适用条件。而且这些区域中也存在面积小于46930km^2的小流域，这些小流域符合优先权制度的适用条件。但是制度的演变是路径依赖的。目前，北方地区采用水量比例水权制度，水资源通过水量分配方案在行政区之间进行配置，中国没有优先权的惯例。普遍的做法是通过政府的行政手段实现水资源的配置。但是在进行赋权时也存在一些优先顺序的内容。例如，在制定水量分配方案时，应该遵循历史上形成的时间优先顺序原则，谁先开发和使用水资源谁就有水资源的使用权，然而在水量不充足时，后来者不能得到水权。

对于中国缺水的地区，为了缓解水资源的供需矛盾，这些区域可以采取"跨流域调水工程"，例如"南水北调工程""引黄济青工程"等。原则上，跨流域调水不能影响水资源调出区原来的水资源使用权。但是现实中，调水工程可以同时改变水资源调出区和引入区的水资源状况。水资源引入区的缺水情况也许会得到缓解，然而水资源调出区的水资源状况不会再像以前一样充足。在这两种情况下，水权制度的影响因素值可能会发生变化，使得原来的水权制度不再适用。因此，在这些变化下，需要重新评估原来的水权制度是否仍适用。如果不再适用于新的水资源条件，那么应该对原来的水权制度做出相应的改革。

通过研究可知，中国适用于河岸权的区域主要是长江流域以南地区以及松辽片区的部分地区，这些地区水资源丰富而且水资源开发利用率较低。在这些区域，多年平均降水量高于700mm，径流模数大于28.4×$10^4m^3/km^2$，人均水资源量大于1122.4m^3/人，而水资源开发利用率低于20%。对于水资源稀缺的北方地区，多年平均降雨量在700mm以下，径流模数小于28.4×$10^4m^3/km^2$，人均水资源量小于1122.4m^3/人，而水资源开发利用率高于20%，水量比例水权适用于这些地区。此外，在这些区域中，如果区域面积小于46930km^2，那么优先占用权在这些小流域内也可能适用。但是由于制度的路径依赖，中国没有实行优先占用权的先例，因此，目前在北方地区仍应采用水量比例水权制度。针对中国可能的水权制度适宜性分区，目前中国水权制度应该从两个方面进行改革：

第一，对于中国长江流域以南的地区（珠江三角洲和闽南诸河流域除外），以及东北地区松辽片区的绥芬河、图们江和鸭绿江流域，这些区域的水资源丰富，符合河岸权制度的适用条件。在这些区域没有必要建立严格的制度限制水资源的使用量。制度应该更着重于加强水质的管理，一方面，水质的下降会造成财政和人类资源的损害；另一方面，实行水量比例水权也会增加制度成本，但是收到的效果甚微。这些区域应该把水资源管理的重点放在水质管理、水污染治理以及枯水年和枯水季节的水资源管理上。

第二，对于水资源稀缺的北方地区，有必要促进水权制度的改革。在这些区域，中国目前实行水量比例水权制度。一方面，需要将水权进一步配置到微观用户；另一方面，通过进一步改革将准水权转变为真正产权意义上的水权，为水资源配置中市场作用的发挥创造前提条件。

7.2　典型国家水权制度优点借鉴

通过对中国、印度、美国和澳大利亚的水权制度的一般特征和实施效果进行评价，可以借鉴每个国家水权制度的优点，针对中国水权制度存在的问题进行改革。

7.2.1　水权制度所有权和使用权的清晰界定

我国《水法》中已经明确规定了水资源属于国家所有。依据制定水量分配方案可以实现水资源在行政区域间的配置，通过取水许可制度可以将水资源分配到微观用户。但是在实际的水资源配置过程中，仍然存在许多问题。中央政府制定水量分配方案，各级政府在执行过程中，由于政治上的讨价还价，往往不能严格执行中央政府的命令，在一定程度上削弱了水资源配置的有效性。因此应该加强水资源配置中的监督机制，保证水资源能够按照计划有效地进行配置。此外，根据经济学理论，产权越明晰，微观权益界定越清晰，越有利于提高整个经济系统的效率（贾绍凤，2014）。因此，应该将水资源的使用权尽可能细化到微观用户。目前，根据国务院2009年《全国水资源综合规划》，目前取水量仅划分到县（贾绍凤，2014）。应该进一步对取水量进行分解，对于县以下的镇、灌区甚至取水大户的取水量都应该明确界定，实现将水资源使用权分配到微观用水者。

7.2.2 水权交易制度改革

中国的水权交易尚处于初级阶段，而且真正意义上的水权交易并不存在，而目前的水权转让多是政府主导下的水资源再分配。倘若不存在水权交易，明细水权虽然对水资源管理也有一定的作用，但是却不能发挥市场高效配置水资源的功能。只有通过水权交易，才能实现水资源的优化配置，促使水资源向利用率高的部门转移。借鉴美国和澳大利亚的水权交易经验，中国可以发展更为灵活的水权交易方式，例如澳大利亚的短期水权交易、美国的水银行等，鼓励更为主动、灵活的水权交易方式。为了保证水权交易的公平性，应当建立公开、透明的水权交易平台，例如澳大利亚的水权交易通常都是网上进行，而且水权交易的信息都是公开可见的，同样的，中国也可以建立水权交易的互联网平台，使水权交易更为简洁，信息更新更为及时。中国初步建立了水权交易制度，但是还需要进一步完善，保证水权交易不对第三方的利益造成损害，对水权交易中什么是允许的、什么是不允许的做出详细规定，以对水权交易市场进行管制。

7.2.3 水资源冲突解决方式改革

对于水资源冲突的解决，中国的水量分配方案虽然解决了水资源行政区间的纵向分配，但是对于同级行政区间的水量分配却没有做出详细规定，而且行政区之间对于水资源的使用缺乏协调机制，而且尚缺乏行政区间横向水资源冲突的解决机制，对于解决跨界河流的水资源冲突仍然有限。因此，应当重点探索跨界河流水资源冲突的机制。可以依据各行政区显示的水资源现实状况，在政府水行政主管部门的参与下，通过协商签订流域水资源分配协议，增强行政区间的协调机制，而且应该建立相应的监管部门对各行政区的用水总量，包括地表水和地下水总耗水量进行严格监管。并配有严格的强制性措施对不符合协议的用水进行处罚以保证协议的顺利执行。若通过协议不能解决跨界冲突，则可以诉诸于法律程序，通过法院的判决解决。

7.2.4　水资源保护制度改革

中国虽然有水资源保护相关的法律法规，但是在现实中，这些法律法规的执行情况却并不乐观，导致了水资源污染问题仍然严重。中国可以从美国和澳大利亚水资源保护中汲取经验，在建立水资源保护法律法规的同时，关键在于建立强制性的措施保证这些法律的有效执行。美国联邦政府负责制定水资源保护法律，环境保护署负责法律的执行，对于违反法律的行为采取强制性的措施，这些强制性措施包括警告、罚款、行政处罚甚至刑事拘留。澳大利亚各个州政府负责水资源的保护以及水资源保护法律法规的制定和执行，每个州都设有环境保护局负责法律的执行，同样对造成水资源污染的违法行为进行强制性处罚。因此，中国对水资源的保护应当效仿美国和澳大利亚，在建立水资源保护法的同时，应该建立专门的行政部门监管法律法规的实施，并制定强制性措施对违法行为进行严厉的处罚，按照违法情节的不同给予不同程度的处罚，包括警告、行政处罚，情节严重者可以给予刑事处罚。做到既有法律又有保证法律实施的强制性措施和监督机构，以保证水资源保护法律的有效实施，才能解决水资源的污染问题。

7.3　明确政府、市场在水权制度建设的地位

中国的水资源属于国家所有，由政府负责水资源的统一配置和管理。在水权制度的建立中，水权的界定、水量分配、水权交易规定的制定以及水事纠纷处理以及相关法律法规的制定都需要政府参与。首先，政府通过立法确认水资源的所有权和使用权。1988 年《水法》中首次

明确了水资源的所有权和使用权，所有权属于国家，用水者可以通过取水许可制度获得水资源的使用权。其次，水量分配主要通过政府的行政手段进行配置。在流域层次上通过制定水量分配方案，实现水资源在省之间的分配。省再制定分配方案实现水资源在辖区内的分配，辖区再将水资源分配到县，实现了水资源的层级分配。政府制定了取水许可制度，微观用水者可以通过申请取水许可获得水资源的使用权。这样，水资源通过政府的层级配置以及取水许可制度，实现了水量的初始分配。此外，对水资源冲突问题，也需要依靠政府制定相应的法律法规进行解决。总体上，政府在水权制度的建设中主要发挥宏观调控的作用。

为了适应经济和社会发展以及市场经济的要求，国家在对水资源经济活动进行必要的监督和控制时，应通过制度安排，以水权交易这种市场经济手段来促进水资源的再配置，促使水资源转向利用效率高的行业，实现水资源的高效利用。目前，我国的水权交易尚处于初级阶段，政府在水权交易中起关键性的作用。例如，黄河流域的水权转换，工业投资农业节水，将节约出的水资源给工业作用，在本质上是政府主导下水权在部门间的再分配。水权转换时政府作用为主导，无疑会妨碍市场在资源配置中作用的发挥。实际上，水权交易只是改进水资源重新配置的一种强有力的政策工具，它“最终只不过是一个国家用以促进水资源更有效用、更公平地使用，来满足新的水资源需求的所有现行策略的一种。它们本身不是结果和目标，而是实现一个目标——稀缺水资源的可持续利用。”随着水权明晰工作的推进，水权市场的案例将会越来越多的涌现。因此，市场只是作为配置水资源的一种方式，中国在实现水资源的有效配置中，关键是处理好政府与市场作用的主次。

水资源是一种特殊的资源，关系到社会的民生问题，国家的行政手段在水资源的配置中应当保持较大的影响力。改革开放以来，中国的低工资产生了很大的负面影响。其中之一就是形成的低资源价格，使得资源的价格并不能真实地反映资源的价值，这就使得我国本来就不完善的市场机制发生了更大的扭曲。因此，在改变低价格政策之前，期望市场机制在我国资源配置领域发挥基础作用的愿望还难以实现。其次，水权市场的运作成本较高，目前中国尚不具备水权市场发展的全部条件。另外，水权交易需要很多的条件，并不是单纯的市场交易，水权市场也需要政府加以规范。

因此，水市场的引进涉及到一系列经济、社会和生态问题，在我国的发展仍然面临许多限制性的因素。长期以来，我国的水资源配置采用政府的行政手段，虽然从长期来看，我国的水权交易有较大的发展空间，但是在我国现实条件下，短期内水资源再分配由“行政主导”转向“市场主导”的成本太高，以市场为主导配置水资源是不可能的。因此现阶段的水权配置仍是以政府为主导，水资源管理改革的基本取向是完善行政分配体系，有限的引入水权市场作为水权体系的补充，即在水资源配置中，行政方式仍然占主要地位，而水权市场则作为一种落实行政指标的辅助方式，处于次要地位，水权市场的主要功能，是作为落实行政分配指标的辅助工具（王亚华，2007）。但是要充分认识到水权交易的作用，在坚持政府宏观调控的前提下，在水资源竞争激烈的领域引入市场机制，以促进水资源的高效配置。从远景来看，随着我国市场经济环境的全面建立，水权市场将会有较大的发展空间。

要让市场机制在水资源配置中发挥更大的作用，水权制度可以从以下两个方面进行改革：

第一，界定和明晰水权。水权的界定尽量细化到微观用户，通过建立用水定额指标体系，将用水指标逐级向下分配，尽可能做到每个省、每个县、每个城镇、每个灌区甚至每个用水大户的用水指标都明确界定，将水权界定到基层用户。水权一旦明晰以后就要当成产权来对待，水权不能被随意剥夺或变更，水权所有者拥有水资源的收益权和转让权。水权所有者对节约出的水资源不仅有水费节约收益，还可以将节约出的水资源进行转让（贾绍凤，2014）。

第二，培育水权市场。首先要制定相应的管理规则对水权市场进行规范。水权交易不仅是纯粹的市场行为，需要政府加以引导和规范。水权转让必须符合区域发展规划，按照区域发展规划来审批。同时，水权转让需要论证对周边环境产生的影响。不断完善政府的法律法规，对水权交易进行规范。此外，政府水管部门需要鼓励短期的水权交易，限制永久性的水权转让。对于取水权的占用应该做出相应的补偿，对于工业和城市对农业用水的占用，鼓励以节水的形式置换农业水权。政府不但要开放水权市场，而且应该在水资源全面管理中引入市场机制，打破对水务市场的垄断专制，促进各类水市场的发育，包括供水市场、废水处理市场、污水回收市场等。要加大公共事业的改革力度，尤其是供水市场和污水处理市场，允许社会资本和外资的进入。

7.4 制定合理的水价制度

水资源价格体现了水资源所有者与使用者之间的经济关系，是水权在经济上得以体现的结果，也是水资源有偿使用和有偿转让的具体表现。水价包括三个部分：一是水资源费或叫水权费，即资源水价，体现水资源的稀缺性；二是工程水价，是生产成本和产权收益，反映水的商品价值；三是环境水价，即水污染处理费，保证污水的有效处理和水资源的循环利用。水价也是水资源管理的一种有效手段，水价在水资源管理中的作用主要表现为以下几点：

首先，价格是实现商品交换、成本回收和经济再生产的基础。生产者只有把商品以一定价格卖出去，才能收回商品的成本并用于再生产。同样，对于供水企业，通过卖水得到的收入，另外加上政府的补贴之后如果能够补偿供水的成本，那么企业才能够继续供水。其次，价格在资源配置中起引导作用，因此，从理论上讲，价格应该能够反映资源的价值。对于水资源更是如此，如果水价过低而不能反映水资源的真实价值，那么就会对水资源的配置产生误导，倘若在缺水性地区对水资源的定价过低，从而引入了高耗水性产业，那么就会加重水资源的稀缺程度。若水价能够反映水资源的稀缺性和水资源的真实价值，则可以给予水资源正确的引导信号，有利于实现水资源的合理配置。再次，水价是推动节水的经济杠杆。经济杠杆是推动节水行为最有力的方式，虽然通过宣传活动能够提高人们的节水意识，但是相比之下，经济上的激励则更为有效。在高水价的情况下，人们出于经济目的而会自发减少水资源的使用。最后，价格也可以作为政府调控消费者经济负担、提供福利的方式。如果一个地方的政府财政富裕，则可以通过补贴、低价甚至免费为用水者供水。因此，合理的水价具有收回供水成本、优化水资源配置、推动节水并且能够调控消费者负担的功能。

水商品具有不同于一般商品的特殊属性，首先水商品具有自然垄断性，在一个灌区或是一个城镇往往只有一个供水者，此外，获得水资源的是每个公民的基本权利。水商品的这种特殊的属性决定了水价不能完全交给市场来决定，而必须是由政府来决定和控制，供水者和消费者可以对水价发表意见、施加影响，但是政府才是水价的最终决策者。1988年《水法》之前，水资源处于低价甚至无价状态。在特定的历史条件下，虽然为经济发展和人民生活提供了保障，但是严重地扭曲了水资源价格，不可避免地造成了水资源的粗放式利用和浪费。1988年《水法》制定了水费与水资源费收缴制度，但是由于传统原因以及用户的承受能力等因素，供水价格过低。2002年新《水法》明确提出了水资源有偿使用制度，确立了水价“补偿成本、合理收益、优质优价、公平负担”的原则。我国水价的形成是一个动态过程，即是一个由低价甚至无价逐渐发展到有偿使用以及合理水价制定的动态过程。虽然水价的提升在一定程度上有利于水资源的高效利用和节水，但是合理水价的形成是一个渐进的、稳定的过程，需要考虑到在历史条件的影响下形成的低水价以及人民的承受能力等因素，而不应该一下提升太高。合理水价形成的一个关键因素就是保证供水成本的合理性，此外，还需要有其他的政策来保证合理水价的形成，例如，水价提升的同时，在贫困地区需提供一定的补贴，以保证人们基本生活用水不会受到影响等。目前，工程水价是水价的主要组成部分，我国的水价较低，尚不能补偿工程成本。水价的改革应该依据“补偿成本、合理收益、优质优价、公平负担”的原则建立合理的水价形成机制，建立水价听证会机制，形成水价管理的公共决策机制。城市水价改革应该走在最前端，实行“阶梯水价”，农村水价改革的重点是避免“水费搭车”现象。现在，对灌区的水价改革重点应放在整顿水费收缴秩序上（王亚华，2007）。因此，应该不断完善水价体系，探索科学、合理的定价机制，形成合理的水价，使水价真正能够反映水资源的真实价值，与水权交易相结合，共同实现水资源的优化配置。同时通过合理地提升水价，在全社会形成节约用水的风气，促进节水设施的建设，防止水资源的浪费。

7.5　建立水量水质相结合的水权制度

目前我国制定了水量分配方案，将水资源的使用权在行政区间进行逐级分配，依据取水许可制度，将水资源使用权细分到微观用户。实行的水量分配制度只是针对水量进行分配，没有对水质进行考虑。随着工业发展和城市化的加快，水资源需求量越来越大，水污染问题也越来越严重。一些水体已经丧失了正常的功能，要是仅仅对水量进行管理而忽略了水质，很可能赋予水权的水体不能被使用，这样水权就失去了意义。目前水安全最主要的问题就是水污染，一方面是由于环境法得不到贯彻，另一方面就是缺乏对水质做出要求的水权制度。例如，如果对河流上游流向下游的水质没有做出要求，就会导致出现上游发展自己、祸害下游的行为。因此，水权制度不仅要对水量进行限定，还要对水质做出限定。

为了保证得到的水权可以利用，应该对每一份水权的水质进行规定。例如，应该明确规定生活用水、工业和农业用水水源地的水质，并明确规定水质的监管由谁负责。根据相关法规，地方政府对所管辖区的环境质量负责。因此，水权水质也应该由地方政府负责落实水污染防治和水资源保护工作。首先，根据水功能区划，对河流上游和下游之间断面的水质标准作出规定，并制定相应的惩罚措施。对于达不到水质要求的，断面之下的地区可以根据污染物治理的成本或是造成的损失要求上游地区加倍赔偿。断面之上的地区又可以找更上游的地区加倍赔偿。国家负责对断面处的水质进行监测。其次，地方政府负责对地区内的水质进行管理，对于达不到水质标准的，水权拥有者可以向地方政府要求赔偿。

让政府承担起水权水质保证人的角色，是因为只有地方政府才能担当起这个角色。而且只有地方政府担任这一角色，地方政府的政绩观才能得到改变，环境质量才能得到改善，水生态文明才能实现（贾绍凤，2014）。

7.6 建立完整的水权制度体系，推进水权制度改革

中国虽然一直进行水权制度建设，一些地区已经开展初始水权和水量分配工作，例如张掖建立了以水权证作为5年有效取水凭证、以水票

作为当年有效取水凭证的农业水权制度，但是实际上中国还没有任何地方建立完整的水权制度。水权制度不仅包括水权的初始配置，水权的初始分配仅仅是第一步，还包括许多其他方面。完整的水权制度体系，除了水权分配制度，还包括水权登记、水权申请、水权交易、水权信息公开、水权监测、基于水权的水量调度等一系列制度。

7.6.1　水权登记制度

水权登记制度是权利人通过国家法定登记机关对其依法取得的地表水、地下水的使用权进行登记，从而获得国家承认并予以证明的一种制度。水权登记一方面可以保证水权的权威性，每一份水权都需要在权威部门进行登记，只有获得水权证，水权才能生效。另一方面水权登记可以明晰水权。登记水权，即对水权拥有者、水权类型、取水地点、取水量、水资源用途、退水数量与质量进行审核和登记。另外，水权登记可以为水权交易提供基础，只有合法的水权才能进行交易。水权登记制度包括由哪些权威部门来负责登记，登记哪些内容，登记过程中出现纠纷如何处理，登记结果如何记录和颁证，对水权证有哪些规定以及信息如何存档和公开。

7.6.2　水权申请制度

除了已获得水权者手里持有的水权外，政府手里很可能保留了一部分水权。一是当地的水资源充足，还有一部分水资源没有开发利用，这部分水资源的水权落在政府手里。二是政府为了应对将来的情况，有意将一部分水权保留在自己手里。三是有些水权持有者对水权的使用不符合规定，政府没收了这些水权，被没收的水权暂时保存在政府手里。这些水权应该允许有需要的用户来申请。水权申请制度的主要内容应该包括水权申请的条件和程序。

7.6.3　水权转换制度与交易制度

目前中国尚没有真正意义上的水权交易，真正的水权转换，是指水权要素的变化。它广义地指水权的变化，既包括水权所有者的变化（水权交易只是水权所有者变化的形式之一），也包括取水地点、水的用途等水权要素的变更。狭义而言，水权转换就是指水权交易。水权交易指通过买卖的方法实现水权所有者的变更。根据管水者是否参与，可以分为两种不同的交易方式。一种是管水者（政府或灌区的管理机构）参与的水权交易方式，管水者作为纽带，卖水者只能将水权卖给管水者，管水者将水权卖给买水者，卖水者和买水者不直接进行交易。第二种方式是卖水者直接将水权卖给买水者。根据达成交易价格方式的不同，水权交易又有不同的方式，包括买卖双方自由谈判方式、中介委托交易方式、交易所拍卖方式、网上拍卖方式等。各地可以根据具体的情况灵活地选择水权交易方式。

7.6.4 退水管理制度

初始水权分配方案是基于耗水权确定的，与取水许可规定的取水权是不同的。水权制度不仅应该对取水量做出规定，也应该对退水量作出规定。包括退水的水量质量、位置以及违规的处罚措施等。水权拥有者用水时应该保证用水量不超过取水量与退水量之差即耗水量低于其拥有的水权数量。退水的水质除了要满足国家的相关规定之外，在特定地区还要满足不危害第三方用水和保护生态环境以及经权威部门确定的更高的要求。对于退水地点，应该保持与用水地区在同一流域内。

7.6.5 水权监督与信息公开制度

水权监督制度是指监督水权制度是否得到执行的制度，一方面要有管理内部系统的监督制度，管理系统内部尤其是上级对下级要进行定期的检查；另一方面要有外部社会监督制度，包括接受媒体、民众的监督。信息公开是最有效的监督方式。一方面要及时公开水权的所有信息，包括水资源总量、可利用量、已经批准的水权、可供申请的水权数量、水权申请情况、水权变更情况等；另一方面应该建立配套的水权查询制度。

7.6.6　水权监测计量制度

水权监测计量制度是指为落实水权服务对水权用量进行监测计量的制度，包括对取水、用水、排水的水量和水质进行监测的有关规定。目前的水权制度缺乏对取水和耗水的监测，包括实施“最严格水管理”都必须以完善水权监测计量为基础。水权的监测计量制度应该主要包括以下内容：

第一，明确哪些地方需要安装计量设施以及要求。原则上每个用户的进水口、出水口都应该安装计量设施，按水量要求设置计量精度。河流省界断面、县界断面以及用水大户的用水监测，由水文水资源勘测机构负责。第二，明确哪些地方需要安装水质监测设施。对于排水和退水污染严重的用户应该安装监测设施。第三，明确谁来负责监测设施的投资运行和维护。用水户负责自己进水口排水口的监测设施投资和运行。其余的由相关的管理机构负责。第四，明确由谁来负责数据的报送、分析、分布。每个用户都有义务及时上报监测数据，可以由水行政主管部门和水文水资源监测机构负责数据的检查和发布。第五，明确有关分歧的解决方法。例如如果出现争议应该如何解决。

7.6.7　基于水权的水资源调度制度

在制定了水量分配方案之后，水量的实时调度首先必须满足水权的要求，保证水权拥有者的正当权利。第一，中国的水量分配方案是按照多年平均状况制定的，通过调度应该能保证用户多年平均得到的水量应该与其水权数量相符。第二，应当找到有些用水的季节性、气候性特点。例如，农业用水集中在灌溉季节和干旱季节，应该在需水的季节和年份增加供水量而不是相反。第三，应该有动态的补偿机制。因为实际情况的复杂性，有可能水量的调度与实际的水权数量不符，对待这种情况，应该做出动态的调整。例如，以某个时段（前一年）为基准，如果用户分到的水资源份额或配额比例偏少，那么在下一年的调度中就应该多分配一些水给这些用户。反之，时间用水多了的用户就分配少一些。根据不同的情况采取不同的调度规则。当水资源需求小于水资源供给时，按照水权分配的水量控制配水指标即可。当水资源需求大于水资源供给时，可采取同比例缩减的方法。这种方法只适用于大流域，在下流域则不合适。对于小流域，有的以农业用水为主，有的以工业用水为主，用水的季节性不同。必须根据实时的用户用水的紧迫性制定优先顺序，饮用水优先，季节性强的优先，并考虑季节补偿、多年补偿（贾绍凤等，2012）。

7.7 本章小结

本章对中国水权制度改革提出了相关建议，主要包括：

（1）对于水量充足的地区，水资源管理的重点应该放在水质管理上。对于缺水地区进一步推进水权制度改革，将水权落实到微观用户；

（2）应当建立完善的水权交易机制，发展更为灵活的水权交易方式。重点完善横向的统计行政区域间的水资源解决机制，同时继续完善水资源保护制度，对于水资源污染制定强制性的惩罚措施保证制度的实施；

（3）坚持政府在水资源配置中的行政主导作用，逐渐扩大通过市场机制配置水资源的范围；

（4）在落实水量分配的基础上，同时制定水权的水质标准，建立水权水量相结合的现代水权制度；

（5）除了完善水量分配制度，还要完善水权登记、水权申请、水权交易、水权信息公开、水权监测、基于水权的水量调度等一系列制度。

参考文献

[1] 阿尔钦. 产权：一个经典的注释 [A]//财产权利和制度变迁 [C]. 上海：上海三联书店，上海人民出版社，1991.

[2] 巴泽尔. 产权的经典分析 [M]. 上海：上海三联书店，上海人民出版社，1997.

[3] 丹尼尔·W. 布罗姆利. 经济利益与经济制度——公共政策的理论基础 [M]. 上海：上海三联书店，上海人民出版社，1996.

[4] 鲍淑君. 我国水权制度架构与配置关键技术研究 [D]. 中国水利水电科学研究院博士论文，2013.

[5] 崔建远. 水权与民法理论及物权法典的制定 [J]. 法学研究，2002，3：37-62.

[6] E. G. 菲吕博腾，S. 配杰威齐. 产权与经济理论：近期文献的一个综述，财产权利和制度变迁 [M]. 上海：上海三联书店，1991.

[7] 冯尚友. 水资源持续利用与管理导论 [M]. 北京：科学出版社，2000.

[8] 傅晨，吕绍东. 水权转让的产权经济学分析 [N]. 中国水利报，2001 (9).

[9] 傅春，胡振鹏，杨志峰，刘昌明. 水权、水权转让与南水北调工程基金的设想 [J]. 中国水利，2001，2：29-30.

[10] 高而坤. 我国的水资源管理与水权制度建设 [J]. 中国水利，2006，21：1-3.

[11] 高而坤. 中国水权制度建设 [M]. 北京：中国水利水电出版社，2007.

[12] 关涛. 民法中的水权制度 [J]. 烟台大学学报（社会科学版），2002，15 (4)：390.

[13] H. 德姆塞茨. 关于产权的理论 [A]//财产权利和制度变迁

[C]. 上海：上海三联书店，上海人民出版社，1991.

[14] 贾绍凤，姜文来，沈大军等. 水资源经济学 [M]. 北京：中国水利水电出版社，2006.

[15] 贾绍凤，张丽珩，曹月等. 中国水权进行时 [M]. 北京：中国水利水电出版社，2012.

[16] 贾绍凤. 建立水量水质相结合的水权制度促进水安全 [J]. 中国水利，2014 (10)：7－15.

[17] 贾绍凤等. 中国水资源安全报告 [M]. 北京：科学出版社，2014.

[18] 姜文来. 水权及其作用探讨 [J]. 中国水利，2000 (12)：13－14.

[19] 姜文来. 水权特征及界定 [J]. 中国水利，2000.

[20] 姜文来. 水资源价值论 [M]. 北京：科学出版社，1999.

[21] 科斯，阿尔钦. 财产权利与制度变迁 [A]//产权学派与新制度学派译文集 [C]. 上海：三联书店，上海人民出版社，1996：4－52.

[22] 雷玉桃. 国外水权制度的演进与中国的水权制度创新 [J]. 中国水利，2006 (1)：36－38.

[23] 雷玉桃. 产权理论与流域水资源配置模式研究 [J]. 南方经济，2006，10：32－38.

[24] 李少华，樊彦芳，董增川. 中国水权制度创新的思路与方向 [J]. 水利发展研究，2006，9：15－23.

[25] 李雪松. 水资源资产化与产权化及初始水权界定问题研究 [J]. 江西社会科学，2006 (2)：150－155.

[26] 李雪松. 中国水资源制度研究 [D]. 武汉大学博士论文，2005.

[27] 李云玲，谢永刚. 我国生态环境用水权的界定和分配问题探讨 [J]. 黑龙江水专学报，2003，30 (4)：16－19.

[28] 李云玲. 生态环境用水权的分类和界定 [J]. 河海大学学报，2004，(32)：229－232.

[29] 刘洪先. 国外水权管理特点辨析 [J]. 水利发展研究，2002，2 (6)：1－3，17.

[30] 裴丽萍. 水权制度初论 [J]. 中国法学，2001，2：90－101.

[31] 平狄克，鲁宾费尔德. 微观经济学 [M]. 北京：中国人民大学出版社，1997：165－167.

[32] 全国人民代表大会常务委员会 [Z]. 中华人民共和国水法，北京，1988.

[33] R. 科斯，A. 阿尔钦等. 财产权利与制度变迁——产权学派与新制度学派译文集 [C]. 上海：上海三联书店，上海人民出版社，2004.

[34] 沈大军. 水资源费征收的理论依据及定价方法 [J]. 水利学报，2006，37 (1)：120－125.

[35] 沈满洪，陈锋. 我国水权理论述评 [J]. 浙江社会科学，2002，(5)：175－180.

[36] 沈满洪，何灵巧. 黑河流域新旧均水制的比较 [J]. 人民黄河，2004，26 (2)：27－28，41.

[37] 斯蒂格利茨. 政府为什么干预经济 [M]. 北京：中国物资出版社. 1998：23－25.

[38] 万钧，柳长顺. 英国取水许可制度及其启示 [J]. 水利发展研究，2014，10：63－66.

[39] 汪恕诚. 水权和水市场：实现水资源优化配置的经济手段 [J]. 中国水利，2000 (11)：6－9.

[40] 王小军. 美国沿岸权许可制度研究 [J]. 环境科学与技术，2013，36 (12)：169－174.

[41] 王亚华. 关于我国水价、水权和水市场改革的评论 [J]. 中国人口·资源与环境，2007，17 (5)：153－158.

[42] 王亚华. 中国水权制度建设：评论与展望 [J]. 国情报告，2007，10：103－125.

[43] 王亚华. 自然资源产权的制度科层理论及其应用 [J]. 公共管理评论，2013，5：128－136.

[44] 王忠静. 水权分配——开启石羊河重点治理的第一把钥匙 [J]. 中国水利，2013，5：26－28.

[45] 谢地. 论我国自然资源产权制度改革 [J]. 河南社会科学，2006，14 (5)：1－7.

[46] 熊向阳. 水权的法律和经济内涵分析 [M]. 北京：中国人民

大学出版社，2002.

［47］姚杰宝．流域水权制度研究［D］．河海大学博士论文，2006.

［48］张勇，常云昆．国外典型水权制度研究［J］．经济纵横，2006，3：63－66.

［49］赵海林，赵敏，毛春梅．水权理论与我国水权制度改革初论［J］．水利经济，2003，21（4）：5－11.

［50］A. Dan Tarlock. The Future of Prior Appropriation in the New West［J］. Natural Resources Journal，2001，41：769－793.

［51］ADB. 2007 Benchmarking and Data Book of Water Utilities in India，6 ADB Avenue，Mandaluyong City 1550，Metro Manila，Philippines，2007，3.

［52］Aggarwal，V.，Maurya，N.，Jain，G. Pricing Urban Water Supply［J］. Environment and Urbanization Asia，2013，4（1）：221－241.

［53］Aikens. Wheeler Martin v. Daniel Bigelow. American Legal History－Russell［J］. Aikens' Reports，1827，184.

［54］Alcamo，J.，Henrichs，T.，& Roesch，T. Global Modeling and Scenario Analysis for the World Commission on Water for the 21st Century［J］. Kassel World Water Series，2000，2.

［55］Allison G. Oklahoma Water Rights：What Good Are They？［J］. TU Law Digital Commons，2012：469－513.

［56］Anand，P. B. Capability，Sustainability，and Collective Action：an Examination of a River Water Dispute［J］. Journal of Human Development，2007，8（1）：109－132.

［57］Aralal，E. and Yu. D. Comparative Water Law，Policies and Administration in Asia：Evidence from 17 Countries［J］. Water Resources Research，2013，49（9）：1－35.

［58］Arkansas River Compact Administration（ARCA）［J］. Colorado－Kansas Arkansas River Compact，U. S. 1949.

［59］ARMCANZ（Agriculture and Resources Management Council of Australia and New Zealand）. Allocation and Use of Groundwater：A National Framework for Improved Groundwater Management in Australia［J］. Occasional Paper，1996，No. 2 Commonwealth of Australia.

[60] Australian Bureau of Statistics [J]. Water Account, Australia, 2008 -9. Cat. No. 4610. 0 Canberra: ABS, 2010.

[61] Bjornlund, H. Efficient Water Market Mechanisms to Cope with Water Scarcity [J]. Water Resources Development, 2003, 19 (4): 553 -567.

[62] Blackstone W. Commentaries on the Laws of England (1765 - 1769) [M]. Oxford, England: Clarendon Press, 1976: 402 -403.

[63] Board of Governors of the Federal Reserve System, Industrial Production and Capacity Utilization - G. 17, Accessed September 19, 2014.

[64] Bolwig S. Achieving Sustainable Natural Resources Management in the Sahel after the Era of Desertification, Markets, Property Rights, Decentralization and Climate Change [J]. Danish Institute for International Studies Report (7), 2009.

[65] Bromley D. W. Economic Interests and Institutions: The Conceptual Foundations of Public Policy 29, 1989.

[66] Bureau of Reclamation. Lower Colorado Region - Law of the River, U. S. Department of the Interior, 2010.

[67] Bureau of Reclamation. Upper Colorado River Basin Compact of 1948, U. S. , 1948.

[68] Butler, L. L. Allocating Consumptive Water Rights in a Riparian Jurisdiction: Defining the Relationship between Public and Private Interests [J]. U. Pitt. L. 1985, Rev. , 47, 95.

[69] Chokkakula, Srinivas. Disputes, (de) Politicization and Democrazy: Interstate Water Disputes in India [J]. Working Paper No. 108, RULNR Working Paper No. 13, 2012.

[70] Colby S. B. Do Water Markets "Work"? Market Transefers and Trades offs in the Southwesten State [J]. Water Resources Research, 1987.

[71] Conchita M. and Concha L. Indicator fact sheet: (WQ01c) Water Exploitation Index [J]. European Environment Agency, 2003.

[72] Copper, C. A History of Water Law, Water Rights & Water Development in Wyoming [J]. Wyoming Water Development Commission and State Engineer's Office, Major Avenue Riverton, WY 82501, 2004.

[73] Coxe. Merritt v. Parker, Super Court of Vermont, 1975.

[74] CPCB. River Stretches for Restoration of Water Quality, Minstry of Environment, Forest & Climate Change, 2015, 7.

[75] Cronin A. A., Prakash A., et al. Water in India: Situation and Prospect [J]. Water Policy, 2014, 16: 425 – 441.

[76] Cullet, P. Groundwater Lawin India towards a Framework Ensuring Equitable Access and Aquifer Protection [J]. Journal of Environmental Law, 2014, 26: 55 – 81.

[77] Cullet, P. Groundwater Model Bill. Rethink Regulation for the Primary Source of Water. Economic & Political Weekly, 2011.

[78] Cullet, P. & Koonan, S. a. Groundwater. Water Law in India – An Introduction to Legal Instruments [M]. Oxford University Press, 2011, 269 – 291.

[79] Cullet, P., Koonan, S. B. Inter – State River: Management, Development and Dispute Resolution. Water Law in India – An Introduction to Legal Instruments [M]. Oxford University Press, 2011, 52 – 67.

[80] Das, S. Cleaning of the Ganga. Journal of the Geological Society of India [J]. 2011, 78 (2): 124 – 130.

[81] David Yu. Comparative Water Law, Policies and Administration in Asia: Evidence from 17 countries, Lee Kuan Yew School of Public Policy, NUS, 2013.

[82] Deininger, K. Land Policies for Growth and Poverty Reduction: A World Bank Policy Research Report. Washington, DC: World Bank Group, 2003.

[83] Dellapenna J. W. The Evolution of Riparianism in the United States. Marquette Law Review, 2011: 53 – 90.

[84] Dellapenna J. W. Water Law in the Eastern United States: No Longer a Hypothetical Issue. Energy & Mineral Law Institute, 2005: 372 – 377.

[85] Dellapenna, J. W. The Evolution of Riparianism in the United States, 2011, 95 Marq. L. Rev. 53, 81.

[86] Diane M. L. State of Surface Water Protection: A Summary of Critical Environmental Statutes. Department of Civil and Environmental Engineering, University of Massachusetts, Amherst, 2004.

[87] Donohew Z. Property Rights and Western United Stateswater Markets [J]. The Australian Journal of Agricultural and Resources Economics, 2009, 53: 85 - 103.

[88] Eririk Furubotn, Svetozar Pejovich. Property Rights and Economic Theory: A Survey of Recent Literature [J]. Journal of Economic Literature, 1972, 10 (4): 1137 - 1162.

[89] Environment Protection Act. Environment Protection Authority Victoria, Victoria, 1970.

[90] Firmacion M. & Raskin E. California Law at the Intersection of Water Use and Land Planning: A Report for the California Office of Planning and Research. Public Law and Policy Work Group, University of California, Hastings College of the Law, 2015.

[91] Fisher, D. Water Law, Sydney: LBC Information Services, 2000.

[92] Food and Agriculture Organization of United Nations (FAOUN). Economy, Agriculture and Food Security, 2015.

[93] Gardner, A. The Legal Basis for the Emerging Value of Water Licences - Property Rights or Tenuous Permissions. Australian Property Law Journal [J]. 2003 (10): 1 - 3.

[94] Gareth Price et al. Attitude to Water in South Asia, Chatham House Perort. The Royal Institute of International Affairs, Chatham House, London, 2014.

[95] Getzler J. A History of Water Rights at Common Law [M]. Oxford: Oxford University Press 2004, 282 - 83.

[96] Global Water Intelligence (GWI). Global Water Market 2014: Meeting the World's Water and Wastewater Needs until 2018. Global Water Intelligence, Germany, 2013.

[97] Grafton, R. Q. & Peterson. D. "Water Trading and Pricing." In: Managing Water for Australia, eds, Karen Hussey and Stephen Dovers, Collinwood: CSIRO Publishing, 2007, 73 - 84.

[98] Haisman B. Murray - Darling River Basin Case Study, Australia, 2004.

[99] Haisman B. (2005). Chapter 5, Impacts of Water Rights Reform

in Australia. 113 – 150. In: Bruns, Bryan Randolph; Ringler, Claudia; Meinzen – Dick, Ruth. Water Rights Reform: Lessons for Institutional Design. Washington, D. C. 113 – 150.

[10] Hardin G. (1968). The Tragedy of the Commons. Science [J]. New Series, 162, No. 3859, 1243 – 1248.

[101] Helton T. Indian Reserved Water Rights in the Dual – System State of Oklahoma [J]. Tulsa Law Review, 1998, 33: 979 – 1002.

[102] Heydenfeldt, J. Mattew W. Irwin v. Robert Phillips and others. Super Court of California, Cal. 140, 1855.

[103] Hung M – F and Shaw D. A trading-ratio System for Trading Water Pollution Discharge Permits [J]. Journal of Environmental Economics Management, 2005, 49: 83 – 102.

[104] Hutchins W. A. & Steele H. A. Basic Water Rights Doctrines and Their Implications for River Basin Development [J]. Law and contemporary, 1957: 276 – 300.

[105] Hutchins W. A. A Regional View: Riparian – Appropriation Conflicts in the Upper Midwest, 1962, 38 N. D. L. REV. 278.

[106] Hutchins W. A. For Criticisms of the Dual Rights Doctrine [J]. Water Rights Laws in the Nineteen Western States, 1971: 200 – 223.

[107] IBWC. Convention between the United States and Mexico: Equitable Distribution of the Waters of the Rio Grande. United States, Washington, 1906.

[108] IBWC. Treaties between the U. S. and Mexico: Utilization of Waters of the Colorado and Tijuana Rivers and of the Rio Grande. United States, Washington, 1944.

[109] IDWR. Idaho Water Law: Water Rights Primer & Definitions. 408 E. Sherman Avenue, Ste. 215, 2015.

[110] Iyer, R. Transforming Water Policy and Law. A water manifesto for the Government of India, 2009.

[111] Jarvis, G. Historical Development of Texas Surface Water Law: Background of the Appropriation and Permitting System. McAllen, Texas, 2008.

[112] Joshi H. R. Comparison of Groundwater Rights in the United States: Lessons for Texas, A thesis in Civil Engineering, 2005.

[113] Kanakoudis, V., Gonelas, K., Tolikas, D. Basic Principles for Urban Water Value Assessment and Price Setting Towards its Full Cost Recovery – Pinpointing the Role of the Water Losses [J]. Aqua – Journal of Water Supply: Research and Technology, 2011, 60 (1): 27 –39.

[114] Kanazawa, M. T. Efficiency in Western Water Law: The Development of the California Doctrine, 1850 – 1911, 27 J. Legal Stud, 1998: 159, 162 –65.

[115] Kaufmann D. et al. Governance Matters Ⅲ: Governance Indicators for 1996 –2002. The World Bank, 2003.

[116] Kinyon, S. V. What Can a Riparian Proprietor Do? [J]. Minnesota Law Review, 1936, 21: 512.

[117] Kulkarni, H., & Shankar, P. V. Groundwater Resources in India: an Arena for Diverse Competition [J]. Local Environment, 19 (9): 990 –1011.

[118] Kossa R. M., Rajabu, & H. F. Mahoo. Challenges of Optimal Implementation of Formal Water Rights Systems for Irrigation in the Great Ruaha River Catchment in Tanzania [J]. Agricultural Water Management, 2008, 95 (9): 1067 –1078.

[119] Lauer T. E. Common Law Background of the Riparian Doctrine [J]. Missouri Law Review, 1963, 28 (1): 60 –107.

[120] Lee T. The Water Excise Tax: Preserving a Necessary Resource [J]. Northwestern Journal of Law & Social Policy, 2009, 4: 171 –194.

[121] Lin, Y. F. China's Economy Project. Beijing: Peking University Press, 2008.

[122] Loehman, E. T., Charney S. Further Down the Road to Sustainable Environment Flows: Funding, Management Activities and Governance for Six Western US States [J]. Water International, 2011, 36 (7): 873 –893.

[123] Lux v. Haggin, 69 Cal 225, 397, 1986.

[124] Mason W. P. Tyleret al. V. Wilkison et al. Circuit Court, D. Rhode Island, Case No. 14, 312, 1827.

[125] Mathieu P. & Mullen J. Stakeholders, Institutions, Tenure Regimes and the Sustainable Management of Natural Resources. Policy Reform and Natural Resource Management, 1996.

[126] Mathur, O. P., & Sridhar, K. S. Costs and Challenges of Local Urban Services. Oxford: Oxford University Press, 2009, 90 – 100.

[127] McKenzie, D. & Ray, I. Urban Water Supply in India: Status, Reform Options and Possible Lessons [J]. Water Policy, 2009, 11 (4): 442 – 460.

[128] Meyer M. C. The Legal Relationship of Land to Water in Northern Mexico and the Hispanic Southwest [J]. New Mexico Historical Review, 1985: 61 – 79.

[129] Mihir, S. Water: Towards a Paradigm Shift in the Twelfth Plan [J]. Economic & Political Weekly, 2013, 48 (3): 40 – 52.

[130] Minan J. H. The San Diego River: A Natural, Historic, and Recreational Resource, 41 San Diego L. Rev. 1139, 1176 No. 24, 2004.

[131] Mingxuan, F. and Rao, B. Provincial Water Access in China and India: A Comparative assessment [J]. India Infrastructure Report, 2011: 177.

[132] Ministry of Environment and Forests (MoEF). State of Environment Report. Government of India, New Delhi, 2009.

[133] Ministry of Environmental Protection. 2011 State of the Environment, 2012.

[134] Ministry of Housing and Urban – Rural Development of China. 2013 Statistical Bulletin of Urban and Rural Construction, Beijing: China Statistic Press, 2013.

[135] Ministry of Law and Justice (MoLJ). The Constitution of India (As modified up to the 1st December). Government of India, New Delhi, 2007.

[136] Ministry of Water Resources (MoWR). National Water Policy. Government of India, New Delhi, 2002.

[137] Ministry of Water Resources (MoWR). National Water Policy. Government of India, New Delhi, 2012.

[138] Ministry of Water Resources of China (MoWRoC). China Water Resources Bulletin 2013 [M]. Beijing: China Water Power Press, 2013.

[139] Ministry of Water Resources of India (MoWRoI). National Policy Guidelines for Water Sharing/Allocation Amongst States (Draft). Government of India, New Delhi, 2013.

[140] Ministry of Water Resources of the People's Republic of China (MWRPRC). Water resources bulletin [M]. Beijing: China Water Power Press, 2013.

[141] Moore, S. M. Hydropolitics and Inter – Jurisdictional Relationships in China: the Pursuit of Localized Preferences in a Centralized System [J]. The China Quarterly, 2014: 1 –21.

[142] Mukherjee, M., Chindarkar, N., & Grönwall, J. Non-revenue Water and Cost Recovery in Urban India: the Case of Bangalore [J]. Water Policy, 2015, 17 (3): 484 –501.

[143] Murray Darling Basin Commission. An Audit of Water Use in Murray – Darling Basin, 1995.

[144] Murray – Darling Basin Commission. A Brief History of the Murray – Darling Basin Agreement, 2010.

[145] Murty, M. N., Kumar, S. Water Pollution in India: an Economic Appraisal [J]. India Infrastructure Report, 2011: 285 –298.

[146] Muys, J. C. Interstate Water Management in the Colorado River Basin in the United States. Washington, D. C., 2003.

[147] National Water Policy (NWP). Government of India, Ministry of Water Resources, 2012.

[148] National Bureau of Statistics of the People's Republic of China (NBS). The Report of NBS: the Reform and Opening-up Casting Brilliant, the Economic Development Creating New Chapter. National Bureau of Statistics, Beijing, 2013.

[149] Neuman J. C. The Oregon System of Water Rights. Comprehensive Treatise on the Law of Water and Water Rights in Oregon, 2013.

[150] NWC. Australian Water Markets Report 2007 –2008, Canberra: NWC, 2008.

[151] O. C. G. A (Official Code of Georgia Annotated). 12 - 5 - 31 (1) (3), 2005.

[152] Ostrom E. Governing the Commons: The Evolution for Collective Action [M]. Cambridge University. Press Cambridge, 1990.

[153] Otsuka, K., & Place, F. M. Land Tenure and Natural Resource Management: A Comparative Study of Agrarian Communities in Asia and Africa. International Food Policy Research Institute, Washington D. C., USA, 2001.

[154] Palanisami, K. Water Markets as a Demand Management Option: Potentials, Problems and Prospects. Strategic Analyses of the National River Linking Project (NRLP) of India [J]. Promoting Irrigation Demand Management in India: Potentials Problems and Prospects, 2009, 3: 47 - 70.

[155] Palmer Water Co v. Lehighton Water Co. 280 Pa. 492, 124 A. 74, 1924.

[156] Papacostas, C. S. Traditional Water Rights, Ecology and the Public Trust Doctrine in Hawaii [J]. Water Policy, 2014, 16 (1): 184 - 196.

[157] Parliament of the United Kingdom (1963). Water Resources Act 1963. Chapter 38. England and Wales.

[158] Peck J. C., Rolfs L. E., Ramsey M. K. & Pitts, D. L. Kansas Water Rights Changes and Transfers [J]. Journal of the Kansas Bar Association, 1988, 7.

[159] Perciasepe, R. New Policies for Establishing and Implementing Total MaximumDaily Loads (TMDLs). Washington, D. C.: Office of Water, U. S. Environmental Protection Agency, 1997.

[160] Pigram J. J. Property rights and water markets in Australia: An Evolutionary Process Toward Institutional Reform [J]. AN AGU Journal, 1993, 29 (4): 1313 - 1319.

[161] Powell, J. M. Environmental Management in Australia, 1788 - 1914. Guardians, Improvers and Profit: an Introductory Survey [M]. Melbourne: Oxford University Press, 1976.

[162] Reich P. L. Mission Revival Jurisprudence: State Courts and Hispanic Water Law Since 1850, 69 Wash. L. 1994, Rev. 869, 871.

[163] Richards, A., & Singh, N. Inter-state water disputes in India: Institutions and policies [J]. International Journal of Water Resources Development, 2002, 18 (4): 611 -625.

[164] Roger, C. C., Simon, E. H., J. Wang. Irrigation Development and Water Rights Reform in China [J]. International Journal of Water Resources Development, 2009, 25 (2): 227 -248.

[165] Rosegrant, M. W. & Binswanger, H. P. Markets in Tradable Water Rights: Potential for Efficiency Gains in Developing Country Water Resource Allocation [J]. World Development, 1994, 22 (11): 1613 -1625.

[166] Saleth, R. M. & Dinar, A. The Institutional Economics of Water: A Cross - Country Analysis of Institutions and Performance, Edward Elgar, Cheltenham, UK, 2004.

[167] Saleth, R. M. & Dinar, A. Water Institutional Reforms: Theory and Practice [J]. Water Policy, 2005, 7: 1 -19.

[168] Saleth, R. M. Water Markets in India: Economic and Institutional Aspects [J]. Natural resources Management and Policy, 1998, 15: 187 -205.

[169] Saleth, R. M. & Dinar, A. The Institutional Economics of Water: a Cross - Country Analysis of Institutions and Performance. Cheltenham: Elgar, 2004.

[170] Salman M. A. The Human Right to Water and Sanitation: is the Obligation Deliverable? [J]. Water International, 2014, 39 (7): 969 -982.

[171] Sampath, R. K. Issues in Irrigation Pricing in Developing Countries [J]. World Dev. 1992, 20 (7): 967 -977.

[172] South Australia Water. Annual Report 2004 - 2005. Adelaide: South Australia Water, 2006.

[173] Speed, R. A Comparison of Water Right Systems in China and Australia [J]. International Journal of Water Resources Development, 2009, 25 (2): 389 -405.

[174] Standing Committee of the National People's Congress (SCoNPC). Water Code. Government of China, Beijing, 2002.

[175] Stevens A. S. Pueblo Water Rights in New Mexico [J]. Natural

Resources Journal, 1988, 28: 535 -583.

[176] Sullivan L. Joslin v. Marin Mun. Water Dist. 67 Cal. 2d 132, 1967.

[177] Super Court of California in Bank. Lux et al. v. Haggin et al. 69 Cal. 255; 10 P. 674, 1886.

[178] Sutherland. California Oregon Power Co. v. Beaver Portland Cement Co. et al. 295 U. S. 142 (55 S. Ct. 725, 79 L. Ed. 1356), No. 612, 1935.

[179] Tan, Poh - Ling. Foot in the Water: A Critique of Approaches to the Allocation of "Property Rights" in Water in Victoria, Queensland and New South Wales. The First Australasian Natural Resources Law and Policy Conference, Focus on Water, Canberra, 2000, 27 -28.

[180] Tarlock A. D. Prior Appropriation: Rule, Principle, or Rhetoric? [J]. North Dakota Law Review, 2000, 76 (4): 881 -910.

[181] Tarlock. Law of Water Rights and Resources, Chap. 3, 1988.

[182] Taylor W. B. Land and Water Rights in the Viceroyalty of New Spain [J]. New Mexico Historical Review, 1975, 50: 194 -195.

[183] Teerink, J. R. & Nakashima, M. Water Allocation, Rights, and Pricing; Examples from Japan and the United States (Working Paper). World Bank - Technical Papers, 1993.

[184] The Economist. Sanitation in India: The final frontier. The Economist, 2014.

[185] The Environmental Defenders Office. Water Resource Management, Conservation and Protection, Environmental Law Fact Sheet, 2011, 13: 1 -4.

[186] The West Bengal Groundwater Resources Act, 2005.

[187] Tiwari, P. & Ankinapalli, P. Water Markets for Efficient Management of Water: Potential and Institutional Conditions in India, 2013.

[188] Toh, M. H. & Lin, Q. An Evaluation of the 1994 Tax Reform in China Using Ageneral Equilibrium Model [J]. *China Economic Review*, 2005, 16 (3): 246 -270.

[189] Turral H., Fullagar I. Institutional Direction in Groundwater Management in Australia [J]. Institutional Direction in Australia, 2007:

320 – 362.

[190] U. S. Environmental Protection Agency (EPA). Introduction to the Clean Water Act, 2003b.

[191] U. S. Environmental Protection Agency (EPA). SDWA Statute, Regulations & Enforcement, 2004b.

[192] United Nations. United Nations General Assembly Resolution on the Human Right to Water and Sanitation. Recital 4 of the Preamble to the Resolution, 2010, Rev. 1.

[193] United States Agency for International Development (USAID). The Role of Property Rights in Natural Resources Management, Good Governance and Empowerment of the Rural Poor. ARD, Inc., 2006.

[194] United States Congress. Kansas – Oklahoma Arkansas River Compact. Kansas, Wichita, 1965.

[195] United States Congress. Rio Grande Compact. United States, 1939.

[196] United States Super Court. Helvering v. Davis, 301 U. S. 619, 1937.

[197] USGS REPORT, Supra Note 18, at 42; 33 U. S. C. A. § 1311 et seq, 2008.

[198] Venot et al. Reconfiguration and Closure of River Basins in South India: Rrajectory of the Lower Krishna Basin [J]. Water International, 2008, 33 (4): 436 – 450.

[199] Walston, R. E. California Water Law: Historical Origins to the Present, California, 2008.

[200] Wang, H. R., Dong, Y. Y., Wang, Y. & Liu, Q. Water Right Institution and Strategies of the Yellow River Valley [J]. Water Resources Management, 2008, 22 (10): 1499 – 1519.

[201] Wang, L., Fang, L., Hipel, K. W. Mathematical Programming Approaches for Modeling Water Rights Allocation [J]. Journal of Water Resources Planning and Management, 2007, 133 (1): 50 – 59.

[202] Wang, Y. A Simultation of Water Markets with Transaction Costs [J]. Agricultural Water Management, 2012, 103: 54 – 61.

[203] Ward J. (2009). Chapter 14 Palisades and Pathways: Histori-

cal Lessons from Australia Water Reform. In：Northern Australia Land and Water Science Review Full Report.

[204] Water Act 1912 No 44 (NSW). New South Wales, 1912.

[205] Water Resources Program. Washington State Water Law-a Primer. Washington State Department of Ecology, 1998：98 - 152.

[206] Weber D. J. Hopi Land and Water Rights under Spain and Mexico. General Adjudication of All Rights to Use Water in theLittle Colorado River System and Source Superior Court of Arizona. Case NO. CV - 6417, 2009.

[207] Weil S. C. Origin and Comparative Development of the Law of Watercourses in the Common Law and in the Civil Law [J]. California law review, 1918, 6 (4)：245 -267.

[208] Welden F. W. History of Water Law in Nevada and the Western States, Legislative Counsel Bureau, 2003.

[209] Wescoat Jr. Reconstructing the Duty of Water：a Study of Emergent Norms in Socio - Hydrology [J]. Hydrology and Earth System Sciences, 2013, 17：4759 -4768.

[210] Wiel S. C. Origin and Comparative Development of the Law of Watercourses in the Common Lawand in the Civil Law, 6 CALIF. L. REV. 245, 1918.

[211] World Bank. Deep Well and Prudence：Towards Pragmatic Action for Addressing Groundwater Overexploitation in India, The International Bank for Reconstruction and Development, World Bank, Washington, DC, 2010.

[212] World Bank. Delhi Water Supply & Sewerage Project, Project Information Document Concept Stage. World Bank, Delhi, 2006.

[213] World Bank. Zhongguo de shuijia gaige：Jingji xiaolv, huanjing chengben he shehui chengshouli (Reform of Water Pricing in China：Economic Efficiency, Environmental Costs and Social Affordability). Washington：The World Bank, 2007.

[214] World Health Organization (WHO)/United Nations Children's Fund (UNICEF). Joint Monitoring Programme for Water Supply and Sanita-

tion. WHO/UNICEF, Geneva/New York, 2012.

[215] Xie, J. Addressing China's Water Scarcity: A Synthesis of Recommendations for Selected Water Resources Management Issues. World Bank, Washington, DC, 2008.

[216] Zekri, S. & Easter, K. W. Water Reforms in Developing Countries: Management Transfers, Private Operators and Water Markets [J]. Water Policy, 2007, 9 (6): 573.

[217] Zhang et al. Water Users Associations and Irrigation Water Productivity in Northern China [J]. Ecological Economics, 2013, 95: 128 - 136.

[218] Zheng, H., Wang, Z., Hu, S., et al. A Comparative Study of the Performance of Public Water Rights Allocation in China [J]. Water Resources Management, 2012, 26 (5): 1107 - 1123.

[219] Zhong L. & Mol A. P. J. Participatory Environmental Governance in China, 2008.